U0260074

本书的出版得到了西华师范大学学术著作出版资助专项经费、十四五国家重点研发计划（2022YFD1601103）、四川省自然科学基金（24NSFSC4010）、天津市研究生创新项目（2020YJSB053）的资助。

有机-矿质复合体材料创制及对耕地提质增效机理

——基于计量学假设、科学验证与生产实践的研究

郑学昊　丁　辉　傅剑锋　丁永祯　著

中国环境出版集团・北京

图书在版编目（CIP）数据

有机-矿质复合体材料创制及对耕地提质增效机理：基于计量学假设、科学验证与生产实践的研究 / 郑学昊等著. --北京：中国环境出版集团，2024.3
ISBN 978-7-5111-5794-2

Ⅰ. ①有… Ⅱ. ①郑… Ⅲ. ①耕地—土壤污染控制—研究 Ⅳ. ①X53

中国国家版本馆 CIP 数据核字（2024）第 034984 号

出 版 人 武德凯
责任编辑 殷玉婷
封面设计 宋 瑞

出版发行 中国环境出版集团
（100062 北京市东城区广渠门内大街 16 号）
网 址：http://www.cesp.com.cn
电子邮箱：bjgl@cesp.com.cn
联系电话：010-67112765（编辑管理部）
发行热线：010-67125803，010-67113405（传真）
印 刷 北京鑫益晖印刷有限公司
经 销 各地新华书店
版 次 2024 年 3 月第 1 版
印 次 2024 年 3 月第 1 次印刷
开 本 787×960 1/16
印 张 10
字 数 152 千字
定 价 89.00 元

序一

有机-矿质复合体（organo-mineral complex，OMC），亦称有机-无机复合体，是有机物与矿质胶体通过库仑引力、范德华力、阳（阴）离子键合、氢键键合和共价键合等相互作用过程形成的复合体。土壤有机-矿质复合体对土壤性质有重要影响，是稳定性团聚体和土壤肥力形成的重要机制和物质基础。复合体具有保肥、供肥以及吸持有机和无机污染物的功能。有机-矿质复合体在促进土壤有机碳的稳定性方面具有重要作用，是土壤固碳的重要机制之一；而且，有机-矿质复合体还深刻地影响着养分元素以及有机和无机污染物质的迁移、转化及生物有效性。因此，关于有机物与矿质胶体的作用机制研究，是近年来土壤科学和环境科学的热点问题之一。本书作者利用文献计量解析的方法，对 70 年来的相关研究工作进行了深入总结和梳理。

本书的作者是西华师范大学郑学昊博士、天津大学丁辉教授、安徽乐农环保科技有限公司傅剑锋董事长和农业农村部环境保护科研监测所丁永祯研究员，他们兼具化学工程学科和农学的专业背景。得益于在材料及化工科学方面的优势，他们独辟蹊径，利用从堆肥过程中产生的有机活性物质与黏土矿物坡缕石等原料，研制出在盆栽和田间条件下均对重金属具有钝化作用、显著降低 Cd 和 As 的植物有效性的 OMC 材料。更重要的是，该团队利用生物试验，对 OMC 钝化 Cd 和

As 的机理进行深入研究，取得了令人信服的结果。Cd 和 As 在土壤中的主要赋存形态分别是阳离子和阴离子，OMC 能够同时钝化这两种重金属元素，表明其独特性和广泛的应用前景。

除了具有重金属钝化的作用之外，OMC 材料还表现出对作物显著的促生效果。利用非重金属污染的土壤，盆栽生物试验研究揭示出其原因是根际土壤微生物群落结构发生了显著变化。微生物多样性增加和结构的变化，改善了根际的养分循环，并促进了根际微生态系统的平衡。

今年 10 月 23 日，本人有幸参加了由中国高科技产业化研究会组织的，安徽乐农环保科技有限公司参与的应用 OMC 材料对畜禽粪污进行高值化处理技术成果的评价会。与会专家一致同意通过该技术的成果评价，并明确该成果达到了国际先进水平。本书的内容是该技术成果的理论支撑。在评价过程中，本人深切地感受到安徽乐农环保科技有限公司技术开发团队的深厚学术背景，在产品开发的同时，十分注重其作用机理的研究，从而为产品开发提供科学依据。这种企业与高校紧密合作，学科间交叉融合，对农业高新技术的研究与开发具有重要的推动作用。这些做法，对其他相关企业也有重要的示范效果。

在重视生态文明建设和适应全球气候变化的前提下，满足国家粮食安全和食物安全，是我国农业面临的巨大挑战。相信，该团队在努力推广 OMC 材料和相关产品的开发和利用的同时，在不同地区、多种作物和土壤上，拓展机理研究，并关注该产品长期施用后对土壤性质和作物农艺性状的研究。

中国农业大学教授

2023 年 11 月于北京

序二

感谢本书作者的邀请，有幸为该部著作代序。

土壤是人类生存的物质基础。由于化肥过量使用和气候变化等原因，农田土壤生态系统重要营养元素地球化学循环失衡，微生物多样性下降与土壤污染问题已成为我国现今农田土壤的常态。党的二十大报告再次重申："牢牢守住十八亿亩耕地红线"，耕地的保卫战既需要在数量上达标，又需要通过高标准农田建设实现对耕地提质增效，最终实现粮食安全。

郑学昊博士、丁辉教授、傅剑锋研究员和丁永祯研究员等团队成员在耕地提质增效方面做了大量工作，通过开发有机-矿质复合体材料实现了对耕地土壤的"边修复增汇、边增加产量"，相关成果获得中国产学研合作创新成果奖、被中国高科技产业化研究会等组织评价为国际先进水平，为中国耕地保护和粮食增产丰收做出了杰出贡献。

本书全面梳理了获得上述成果的过程，对有机-矿质复合体材料进行了系统性的研究：以学术大数据计量学结果为线索，探明了有机-矿质复合体材料在固定土壤重金属、促进农作物生产和恢复土壤生态方面的应用潜力。在大量实践基础上，作者通过科学验证进一步丰富完善了耕地高质量保护的理论与对策，对促进农业生态环境保护和粮食安全生产具有重要意义，相关研究结果不仅丰富了对有机-

矿质复合体在生态环境中的功能的认识，而且为耕地提质增效提供了一种极为可行的管理策略，是作者们把论文写在祖国大地上的真实写照。

祝愿该部著作对推动我国的生态环境保护事业发挥重要作用，更期望作者们能为读者们分享更多的科研成果，百尺竿头更进一步，获得更高的科研成就，用科技实现“让土壤熟化肥化，让环境绿化美化，让百姓富化寿化，让家园诗化和梦化”！

研究员/博士 魏东洋

生态环境部环境发展中心

2023 年 12 月于北京

目 录

第1章

农田土壤生态健康与粮食安全面临的挑战

1.1 农田土壤复合污染及土壤修复技术缺失

土壤是人类生存的物质基础，农田土壤污染将导致严重的粮食安全问题。2014 年，环境保护部和国土资源部公布的《全国土壤污染状况调查公报》指出，我国耕地土壤点位总体超标率为 19.4%[1]；尚二萍等于 2018 年公布的数据进一步指出，我国粮食主产区耕地土壤重金属点位超标率为 21.49%[2]；2022 年 3 月，生态环境部在《关于进一步加强重金属污染防控的意见》中强调，一些地区重金属污染问题仍然突出，威胁生态环境安全和人民群众身体健康，重金属污染防控任重道远，并要求到 2035 年进一步提升重金属污染治理能力[3]。可见，关乎食品安全的农田土壤污染一直备受关注，农田土壤重金属污染是我国目前最棘手的土壤问题之一[4, 5]。

1.1.1 Cd、As 复合污染特征

重金属是指密度大于 4.5 g/cm³ 的金属。在环境污染学科，重金属主要是指镉（Cd）、铅（Pb）、汞（Hg）、铬（Cr）及类金属砷（As）等生物毒性显著的元素。Cd 和 As 在多项政府指导意见中被列为优先防控的重金属污染物[1, 3]。值得注意的是，Cd 在土壤环境中以阳离子存在（如 Cd^{2+}），而 As 以含氧阴离子存在（如 AsO_2^- 和 AsO_4^{3-}），因此土壤环境中 Cd 和 As 的环境行为及迁移转化规律不同。虽然研究者已经开发了对于单种重金属行之有效的阻控技术，但在面对 Cd-As 复合污染土壤时，具有广泛应用前景的土壤修复剂仍然比较匮乏，Cd-As 复合污染治理是目前的难点，多篇研究报道强调了土壤的 Cd-As 复合污染值得特别关注[6, 7]。

Cd 是我国土壤点位超标率最高的重金属污染物（7.0%）[1]。我国 Cd 污染呈现由西北向东南、由东北向西南逐步上升的趋势。Cd 是人体的非必需元素，自然界中的 Cd 主要来自岩石母质，其含量较低难以对人体产生影响。然而随着采

矿业、电镀业、化工业和电子业等领域迅速发展，由于工厂废气沉降、含Cd废水灌溉和劣质化肥滥用等原因，Cd在农业土壤中蓄积[8]。Cd通过植物富集进入人类食物链对人类健康造成严重威胁。有研究表明，Cd在人体内蓄积将升高人类患病风险[9]，Cd进入人体后会与蛋白质络合产生镉硫蛋白，镉硫蛋白在人体肝肾中选择性蓄积进而造成肝肾功能障碍，Cd中毒还会导致骨骼代谢受阻，引发骨质疏松和畸变等病症[10]。历史上Cd中毒导致了多起严重的环境安全事件，如1955年日本神通川沿岸的居民由于长期食用Cd超标的水产和稻米引发的“痛痛病”。对于一些高暴露人群，仅需4.7～8.3年即可达到中等Cd中毒水平[11]。

我国土壤As的点位超标率为2.7%，是土壤点位超标率排名第三的重金属[1]。As在地壳中的背景浓度约为1.8 mg/kg。除了岩石风化、火山喷发等非人为原因，As通过冶金、农药使用和化石燃料燃烧等人为因素进入环境，再通过大气沉降、污水灌溉、地表水径流等方式在土壤中聚集，对人类健康产生极大威胁。As可能导致皮肤疾病并具有致癌性，慢性As中毒可能导致食欲不振、恶心和呕吐等症状，并造成红细胞和骨髓细胞生成障碍[12]。土壤中As主要以As^{3+}和As^{5+}存在，元素砷和As^{5+}的毒性较小，As^{3+}有剧毒。有研究指出土壤微生物可以影响As^{5+}和As^{3+}的相互转化，这一微生物转化过程导致土壤As污染的健康风险升高。

特别是在发展中国家，人体暴露于Cd-As复合污染是紧迫的公共卫生问题[9]。近年来，国内外Cd-As复合污染事件频发，表1-1总结了中国、韩国和印度等国家的农田土壤Cd-As复合污染相关新闻报道。在国外，欠发达地区和以采矿业为主的国家Cd-As复合污染问题比较严重；在国内，贵州、湖南和广东等省份因为有色金属开采造成了较为严重的Cd-As复合污染问题。Cd和As的污染来源相似，包括灌溉水污染以及农药化肥滥用等[13, 14]，多项研究证明Cd和As在农田环境中的自然分布存在显著正相关性[15, 16]。农田土壤中的Cd-As复合污染已经严重威胁到中国[17]、日本[18]和韩国[19]等亚洲国家的主粮粮食安全。

表 1-1 国内外 Cd-As 复合污染相关新闻报道

序号	地点	相关描述	参考文献
1	中国	在安徽省南部收集测试了 314 个农田土壤样品，Cd 和 As 均值分别为 0.32 mg/kg 和 14.38 mg/kg，超标率分别为 26.93%和 23.47%	[16]
		在湖南省湘江中下游调查了 219 个农田土壤样品和 48 个蔬菜样品，Cd 和 As 土壤超标率分别为 68.5%和 13.2%，蔬菜中 Cd 和 As 超标率分别为 68.8%和 95.8%	[17]
		对吉林省四平市采集了 138 个农业用地土壤样品，Cd 和 As 质量浓度分别为 0.026～2.953 mg/kg 和 3.52～19.27 mg/kg	[20]
		在湖南省长沙市对湘江某铅锌冶炼厂周边农田土壤进行测定，Cd 和 As 均值分别为 130.67 mg/kg 和 121.94 mg/kg	[21]
2	韩国	收集了来自韩国 4 个主要矿区 40 个农田土壤样本，Cd 和 As 均值分别为 2.31 mg/kg 和 64.4 mg/kg	[19]
3	越南	Bac Kan 省铅锌矿区土壤中 Cd 和 As 均值分别为 10.26 mg/kg 和 130.4 mg/kg	[22]
4	印度	从已有的 92 篇文章摘取数据，除道路旁土壤，所有样点的 Cd 和 As 全部超标	[23]
5	巴基斯坦	调查了巴基斯坦 Jhang Punjab 地区丝瓜（*Luffa cylindrica*）中重金属的富集浓度和健康风险，Cd 和 As 检出浓度高且存在较高生态风险	[24]

1.1.2 污染土壤修复技术

传统的重金属污染土壤修复技术主要包括物理修复、生物修复和化学修复。

（1）物理修复

物理修复包括客土法和电动修复等。客土法是将被污染的土壤进行挖掘替换或向污染场地中添加非污染土壤以稀释污染物浓度。一项花园尺度的修复工程证明使用客土法稀释土壤污染物浓度后种植的作物质量有了显著提升[25]，但这种修复方法需要耗费大量的人力、物力、财力，每吨土壤的挖掘、运输和处置的成本为270～460美元。客土法适用于小范围的污染场地修复，但该种修复技术并没有移除、固定或转化污染物，污染物依然存在于自然环境中[26]。电动修复多被认为是典型的物理修复方法[26, 27]，通过对场地两端建立合适的电极梯度，土壤中的重金属通过电泳、电渗流或电迁移进行分离，从而减少土壤中的污染物[28]。电动修复可以在低渗透性的土壤中良好运行，但电动修复技术的局限性在于其可能造成土壤 pH 的波动，这可能对土壤理化性质、土壤微生物及活性造成极端影响，因此电动修复方法可能影响土壤功能，不适用于农田污染土壤修复[29]。

（2）生物修复

生物修复包括植物修复、微生物修复和植物-微生物联合修复等。植物修复的效率取决于植物和土壤因素，如土壤的物理化学性质、植物根系分泌物以及植物吸收、积累、固化、转移和解毒金属的能力[30]。目前全球已经发现了数以百计的重金属超富集植物。例如，天蓝遏蓝菜（*Noccaea caerulescens*）对 Cd 的生物富集因子可达 13～34 [31]；通过合理的调控，东南景天（*Sedum alfredii*）对 Zn 的生物富集因子可以高达 23 [32]。微生物修复旨在向土壤中接种专性微生物以调控重金属的生物有效性，微生物可以通过不同的方法固定重金属。例如，有研究报道了一株芽孢杆菌可以通过分泌胞外多糖吸附 Cd^{2+}、Cr^{6+}和 Cu^{2+}以降低这些重金属的生物有效性和迁移性[33]；在植物-微生物联合修复的实践中，有研究向土壤中接种伯克霍尔德菌属（*Burkholderia*）和鞘氨醇单胞菌属（*Sphingomonas*）以促进超富集植物对重金属的富集[34]。然而，植物和微生物固定重金属的能力有限，通过植物修复或微生物修复往往需要相对较长的时间才能使污染场地得到恢复，此外，一些植物对气候和温度等生长环境因子的要求特异性较高，外源微生物可能与土著微生物产生拮抗作用，这些因素都可能导致生物修复在应用过程中具有局限性[35]。

（3）化学修复

化学修复主要包括氧化还原、固化/稳定化等技术。以重金属 As 和 Cr 为例，As^{3+}具有较高的生物毒性，而 As^{5+}和元素 As 的毒性较小，目前已经开发出使用铁

（Fe）基和锰（Mn）基氧化剂氧化 As^{3+}的土壤修复策略[7]；Cr^{6+}的毒性较高，Cr^{3+}的毒性较低，Fe[36, 37]基和硫（S）基[38, 39]还原剂被大量开发用于土壤 Cr^{6+}的还原以降低重金属毒性。氧化还原法可以将 As^{3+}或 Cr^{6+}等重金属污染物氧化还原为低健康风险的价态，但土壤微生物和土地利用方式（如水田淹水）可能会导致重金属价态的转化，这会导致土壤修复不彻底，并且氧化剂可能降低土壤有机质（Soil Organic Matter，SOM）含量和破坏土壤性质，造成二次污染[40, 41]。

1.1.3 Cd-As 复合污染土壤控制方法

固化/稳定化通过开发科学的环境修复材料吸附/转化重金属离子，通过合理的材料设计可以将土壤中的可交换态重金属转化为最稳定的残渣态，是具有研究潜力和应用前景的研究方法之一[4]。以 Cd-As 吸附/固定材料为例，表 1-2 展示了近年来的新材料及其标准吸附量。可以直观地发现，虽然一些高性能的吸附材料可以同时固定百克级的 Cd 和 As，但材料的成本较高，高成本的修复材料并不适合农业污染土壤修复，相对廉价的生物炭材料虽然可以同时吸附 Cd 和 As，但其标准吸附量很低，每克材料的最大吸附量仅有几毫克到几十毫克。但通过合理改性后，吸附剂或钝化剂的吸附量将会上升[42]。

表 1-2 Cd-As 吸附材料特性

序号	材料名称	标准吸附能力/(mg/g)	适用的吸附模型	材料成本	参考文献
1	零价镍纳米粒子修饰的活性多壁碳纳米管	Cd（Ⅱ）：415.83；As（Ⅴ）：440.92	均相吸附二级动力学模型	高	[43]
2	碳球为载体的非晶态锰镧氧化物	Cd（Ⅱ）：50；As（Ⅴ）：48	均相吸附二级动力学模型	中	[44]
3	氧化铁功能化磁性伊毛缟石纳米复合材料	Cd（Ⅱ）：23；As：350	络合、静电吸附	中	[45]
4	多孔壳聚糖微球负载的 $MnFe_2O_4$ 纳米材料	Cd（Ⅱ）：9.73；As（Ⅲ）：9.9	均相吸附二级动力学模型	中	[46]

序号	材料名称	标准吸附能力/(mg/g)	适用的吸附模型	材料成本	参考文献
5	铁锰改性钛硅酸盐	Cd（Ⅱ）：101.86；As（Ⅲ）：3.18	物理吸附和化学吸附并存	中	[47]
6	钙锰铁氧化物	Cd（Ⅱ）：107；As（Ⅲ）：156.25	均相吸附	中	[48]
7	生物掺杂纳米零价铁	Cd（Ⅱ）：92.8；As（Ⅲ）：363	表面络合、静电吸附	中	[7]
8	腐殖酸-铁锰氧化物-生物炭复合材料	Cd（Ⅱ）：67.11；As（Ⅴ）：35.59	非均相吸附	中	[50]
9	氧化铁改性黏土-活性炭复合微珠	Cd（Ⅱ）：41.3；As（Ⅴ）：5.0	均相吸附	中	[51]
10	钙基磁性生物炭	Cd（Ⅱ）：6.34；As（Ⅲ）：10.07	非均相吸附	低	[49]
11	香根草生物炭	Cd（Ⅱ）：110.45；As（Ⅴ）：89.09	均相吸附	低	[52]
12	氮掺杂生物炭	Cd：79；As：0.97	均相吸附	低	[53]
13	磁性生物炭-微生物复合材料	Cd（Ⅱ）：25.04；As（Ⅲ）：4.58	Cd：非均相吸附 As：均相吸附	低	[54]

1.2 化肥滥用导致农田微生物多样性下降

土壤微生物对碳（C）、氮（N）、磷（P）等重要元素的地球化学循环具有深远意义。陆地生态系统中的微生物总数约为 10^{29} 数量级，除土壤微生物直接储存的营养之外，土壤微生物也可以通过提供调节影响生产力的大量养分来间接影响植物和土壤中的营养储存[55, 56]。不同生态系统的土壤微生物群落结构差异显著，并可能与地理、气候等宏观因素存在关联，土壤微生物群落结构也可能受到多种土壤性质的影响。例如，已有研究证明土壤 pH [57]、粒径结构[58]和土壤碳氮含量[59, 60]对土壤微生物群落的组成具有重要影响。微生物群落结构对外界环境的变化也十分敏感，火烧[61]、持续施肥[62]、植物选择[63]等环境过程都可能显著地改变微生物群落结构。特别在农田生态系统中，土壤微生物在元素循环、营养转化、能量循环和污染物固定/降解过程中发挥了重要作用。土壤微生物多样性决定了土壤功能的多样性，微生物多样性下降可能介导碳、氮、磷等养分循环发生重大变化并导致土壤功能狭隘化，从而影响土壤生态健康。

根据世界粮农组织数据，1950—2021 年全球粮食总产量从 6.3 亿 t 增至 28 亿 t，粮食产量奇迹的背后是化肥的大量使用，全球每年消耗 1.87 亿 t 化肥，在增产的粮食中，化肥的贡献率为 57% [64]；中国每年消耗 5 000 余万 t 化肥得以使用不足全球 9%的土地养活了全球近 20%的人口。然而，土地利用集约化是微生物多样性丧失的主要驱动力[65]。化肥的过度施用直接或间接地导致了土壤微生物多样性的下降，土壤微生物多样性下降进而引发了土壤功能的特定变化。Feng 等对持久施氮农田土壤中的微生物群落构建过程进行了计算，结果表明，长期施用化学肥料会显著影响土壤固氮微生物的多样性、群落结构和组装过程，微生物多样性下降导致微生物功能多样性下降以及农业系统中生物固氮的速率降低[62]；Gao 等对不同 pH 条件下的微生物群落构成过程进行了分析，证实土壤 pH 变化是微生物群落产生确定性装配的主要原因[57]，持久和大量的化肥施用会导致土壤酸化[4]，可见化肥持久施用，以及化肥使用导致的土壤 pH 变化都介导了微生物群落结构和功能的定向变化。

虽然人们已经清楚滥用化肥会导致农田生态受损，但关于如何开发恢复土壤微生物多样性的相应技术研究还缺乏报道，因此目前研究者们的兴趣越来越趋向利用与植物有关的微生物来提高农业可持续性[55]。根系-土壤界面是植物-微生物互作最为频繁的区间之一，植物根际微生物无论是在活性上还是丰度上都明显优于非根际土壤，因此首先应该关注根际微生物与作物之间的联系，并尝试优化根际微生物群落结构。

1.3 土壤碳、氮、磷等营养元素循环失衡

1.3.1 碳循环

陆地生态系统中储存有200亿t有机碳[55]，农田生态系统是最重要的陆地碳库之一。工业革命以来，为了应对人口增长，持续耕作使SOM含量显著下降，一些地区的SOM已经损失了1/2～2/3[66]。SOM含量下降导致土壤缓冲能力降低、土地生产力下降、微生物多样性丧失以及土壤盐碱化、板结等。同时农业所释放的温室气体约为150亿t二氧化碳[67]，农业碳循环失衡加剧了温室效应。将碳封存于土壤可以抵消30%因人类活动排放的碳[68, 69]，这一做法既可以缓解气候变化，又有利于恢复土壤生产力，因此在《联合国气候变化框架公约》的推动下，千分之四倡议（4 Per 1 000 Initiative）、全球土壤再碳化行动（the Recarbonization of Global Soils）和科罗尼维亚农业联合工作（the Koronivia Joint Work on Agriculture）等土壤再碳化行动正在全球施行。

然而中科院战略性先导科技专项“应对气候变化的碳收支认证及相关问题”的研究结果证明，尽管为期数十年的农业土壤碳管理策略（如秸秆还田）可以提升绝大部分土壤的SOM，然而一些特殊地区的SOM水平仍然很难恢复[70]。导致这一现象的“瓶颈”问题在于堆肥等外源碳易被土壤微生物作为碳源而迅速矿化[71]，秸秆还田提升SOM的效率受到秸秆分解周期和土壤微生物周转率等多种因素调节[72]，更深入地研究农田土壤固碳机制及开发相关调控技术被认为值得进一步研究。

1.3.2 氮循环

氮是构成生命体的基础元素。工业革命以来人类活动导致生物圈中无机氮的含量增加了一倍，这一结果彻底改变了整个陆地-水生-海洋生态系统的联系、结

构和功能[73, 74]。氮对作物生长至关重要，目前全球一半以上的人口依靠氮肥种植的作物获得营养[75, 76]，然而在全球范围内的农田生态系统中，施用的氮只有42%～47%被作物有效利用，剩余的氮只有 25%通过地表水径流等方式进入地表水体，有 75%左右的氮通过反硝化作用产生氮气被排放到大气中或持久地在土壤中或地下水中蓄积[77, 78]。沉积到土壤中的氮主要以硝态氮形式存在，氮不断在环境中蓄积可能随时对生态环境产生毁灭性的影响[78, 79]，并可能对地下水质量和安全构成严重威胁，因此硝酸盐被称为生态系统的“定时炸弹”。已有研究证明，农田环境中持久的氮蓄积可能引起土壤酸化[80, 81]，另外一项基于对 54 篇文献的 Meta 分析证明，施氮降低了土壤微生物多样性，并降低了放线菌和硝基螺旋菌的相对丰度[82]。通过调控土壤微生物实现农田环境中氮的良性循环的相关技术具有应用发展潜力。

1.3.3 磷循环

磷是农业生产的必需养分，几乎参与了所有的生物化学反应。磷是不可再生资源，人类使用的所有磷都来自磷矿石。磷主要用于化肥制造、洗涤剂制造工业、动物饲料和其他化学品，用于化肥生产所使用的磷矿石大约占全球磷矿石使用量的 80%[83]。我国磷资源储量较低且品位较差，根据中华人民共和国自然资源部统计数据，全国磷矿储量 37.55 亿 t，约占全球磷矿资源的 4.7% [84]，而磷矿品位大于 30%（P_2O_5＞30%）的矿产储量仅为探明储量的 7%，全部可开采的磷最多可维持 60～70 年。在人类活动影响下，磷从矿物到土壤再到水体进行单向流动，这同时造成了磷矿储备危机和水体富磷化双重困境[85]，探索土壤中磷的植物利用机制及开发磷利用增效技术有利于降低农业中的磷需求并从上游阻断水体富营养化。通过调控土壤微生物及土壤基因以优化磷循环并提高磷利用效率是可行的，来自我国华北平原小麦集约种植区的 9 个土壤样本中 *ppX* 基因丰度与作物产量呈正相关关系[86]；一项以水稻和小麦为研究目标，历时 3 个种植周期的田间试验证明，向土壤中接种一株名为 *Mussoorie rockphosphate* 的溶磷菌可以促进磷吸收并增加作物产量[87]，这些有益尝试证明了通过调控农田土壤中微生物群落优化磷循环的可能性，但目前研究不充分，相关技术仍需要进一步开发。

1.4 课题研究意义及内容

我国粮食主产区耕地土壤重金属点位超标率为21.49%[2]，市售粮食、蔬菜污染物超标问题突出，关乎人类食品安全的农田土壤污染已然不容忽视，并成为目前亟须解决的土壤问题之一[88, 89]。与此同时，农田污染与农田生态系统中碳、氮、磷等重要营养元素的地球化学循环失衡，化肥不合理施用，微生物多样性下降等问题共同形成了现今农田土壤常态。

微生物可以介导土壤中重要营养元素的循环，且微生物多样性下降可能是农田土壤中营养元素循环失衡的重要原因之一，通过开发相关技术恢复微生物多样性或通过调控微生物群落结构来塑造土壤功能是有益尝试。多项研究指出，保留土壤有机碳有利于提高微生物多样性，优化氮、磷循环并恢复土壤生态，同时陆地生态系统可以抵消30%因人类排放的碳，通过调控微生物功能提升土壤碳储存，同时有利于实现“双碳”目标。

农田土壤面临诸多问题，亟须开发相应的修复技术。农田的主要作用是生产，农田土壤修复能否在不影响农田功能的情况下实现？甚至实现“边修复、边增产”？我们希望，通过开发有应用前景的农业技术使农民不付出额外的种植投入，同时促进作物生产，并实现农业土壤增汇。

第2章

专利计量解析堆肥技术的未来发展方向

2.1 引言

农田是陆地碳库最重要的组成部分，由于持续耕作和缺乏对农田土壤生态的有效保护，目前全球范围内一些地区的农田土壤已经失去了1/2～2/3的原生土壤SOM [66, 90]，如秸秆、畜禽粪便和污泥等农业有机物却被视为固体废物。农业有机固体废物的未充分利用在造成资源浪费的同时也给地球生态系统带来了压力。

堆肥技术被视为农业有机固体废物与农田土壤碳库之间的桥梁，农业有机固体废物中的纤维素、木质素和蛋白质可被微生物转化为腐殖质等有机成分[91]，将农业有机固体废物堆肥还田意味着将有机物重新注入农田生态系统，有助于重塑土壤微生物群落结构、重建土壤功能和恢复农田生态[92]。

因此，考虑到农业可持续发展的迫切需要，关于堆肥技术的下述两个问题值得探讨：①截至目前堆肥技术发展情况如何？②未来哪些研究内容是堆肥技术发展的重点？已有学者基于个人知识和个人观点对堆肥技术进行了全面的、系统性的综述，而对堆肥技术的详细技术演变过程和对堆肥技术未来发展的可靠建议仍然是缺乏的。

专利可以很好地反映科学技术的发展进程、现状和热点领域。因此，为了更好地理解堆肥技术的特点和发展现状，更合理地预测堆肥技术的发展方向，我们选择了德温特世界专利数据库（Derwent Innovation，DI）中1963—2019年的堆肥技术专利作为分析样本，对其结构性文本和非结构性文本进行分析，以期：①厘清堆肥技术的发展历史；②分析堆肥技术在不同发展阶段的技术特点；③预测堆肥技术的未来发展方向，从而避免堆肥技术的低水平和重复创新。

2.2 研究方法

2.2.1 专利检索

DI 数据库是全球最大的专利数据库，含有超过 2 000 万条专利信息。数据库的工作人员在录入 DI 数据库时会根据专利内容人工补充新的专利信息词条，这一前处理工作大大提高了检索的准确性，因此我们选择 DI 数据库对堆肥技术专利进行收集。

用于检索的布尔运算符 TS 被设计为［(manure) OR (straw) OR (sludge) OR (waste)］AND (compost*)，检索时间范围被设置为 1963—2019 年。结果共检索出 14 537 篇与堆肥相关的专利。将检索结果输出，导出示例如图 2-1 所示。对这些专利进行人工筛查，删除了不相关的专利，例如，使用堆肥的种植工艺、开发可堆肥降解的环保材料等，最终共收集了 11 701 个堆肥技术专利作为本研究的数据样本。

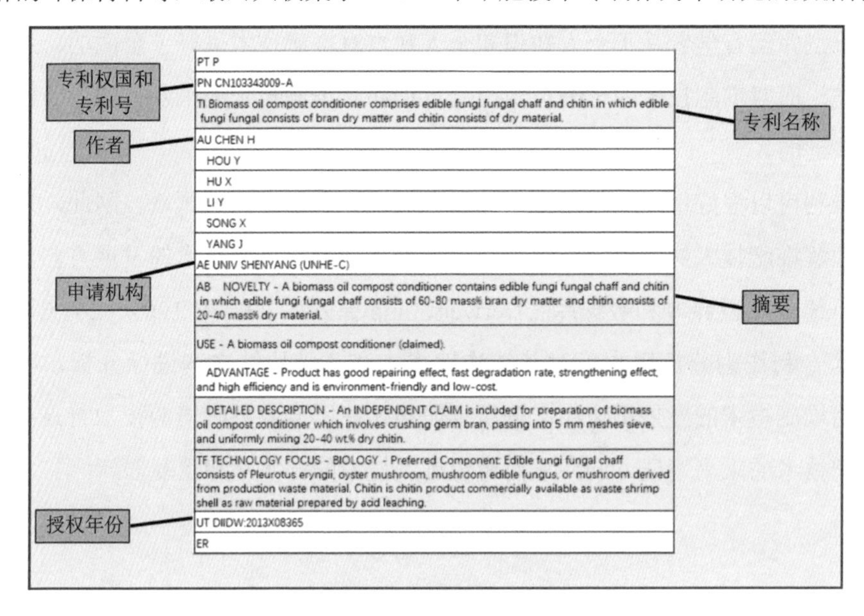

图 2-1 导出的数据示例

2.2.2 专利的结构性文本分析

使用 Python 语言收集并统计了专利授权年份、专利权国和申请机构；同一专利家族中的其他专利权国被用于技术转移分析；使用的 Python 代码详见附录。中国香港、中国澳门和中国台湾的专利已统一合并入中国。

2.2.3 专利的非结构性文本分析

图 2-1 中“摘要”栏中的文字用于非结构性文本分析。非结构性文本分析主要参考了天津大学 Mao G Z 等的方法并进行了一些修改[93]：使用 Excel 软件（2016 版）的分词功能对专利文本的自然语言进行拆解，使用 Python 语言提取关键词。根据停用词表剔除无意义关键词，手动删除了“comprise”“use”“preparation”等不相关的关键词。对出现频率超过 40 次的关键词进行筛选，语义上重复的关键词通过人工进行合并，合并后再次统计关键词出现频率，并对关键词进行共现分析。

K-means 是一种无监督的机器学习方法，在本书中用于聚类分析。计算每个专利样本之间的欧几里得距离（Euclid Distance）并将每个专利分配给距离最近的类别，同时校正新的聚类中心。直到所有专利都被分配且聚类中心不再变化时输出聚类结果。经过尝试后类别个数被设置为 4。Python 语言用于提取每个类别的关键词，并计算它们出现的频率，对提取的关键词进行筛选并人工合并。

将所有专利分为“未被转让专利”和“已被转让专利”两组，用于预测有市场的堆肥技术发展趋势。将专利关键词矩阵导入 SPSS（11.0 版）进行主成分分析（PCA），根据主成分分析结果构建专利地图。使用开源平台 Gephi 对数据进行关键词共现分析绘图，GraphPad Prism 软件（8.3.0 版）用于常规绘图。

2.3 研究结果

2.3.1 结构性文本分析

2.3.1.1 堆肥技术专利授权情况

1967—2019 年，堆肥技术专利的年度授权数量如图 2-2（a）所示。堆肥技术的发展历史可分为萌芽期（1967—1989 年）、发展期（1990—2006 年）和爆发期（2007—2019 年）。图 2-2（b）展示了授权量排名前十的机构，同一家机构的不同分支机构已经被合并。这些机构中有 5 个属于日本，4 个属于中国，1 个属于德国。与日本和德国的机构不同，在申请量排名前十的机构，中国的所有机构都是高等学校或科研院所。中国、日本和德国是获得堆肥技术专利授权数量排名前三的国家，分别占全球堆肥技术专利授权总量的 43.89%、16.13%和 6.67%。

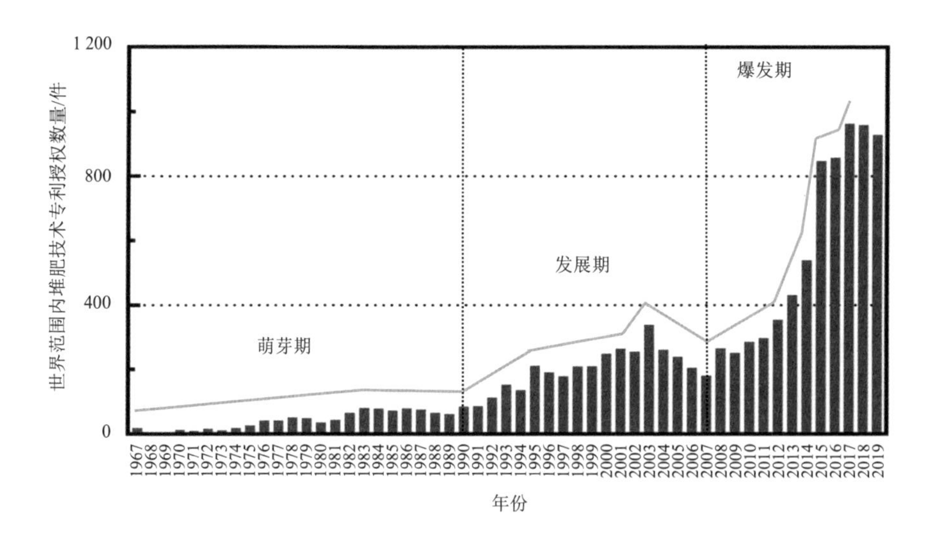

（a）全球堆肥技术专利的年度数量

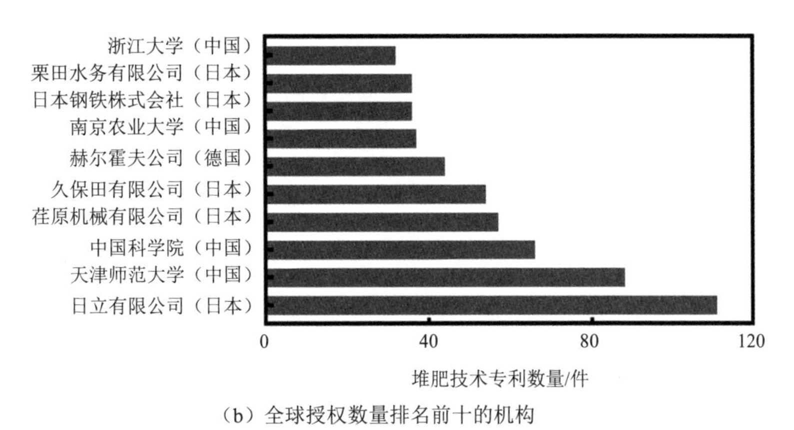

（b）全球授权数量排名前十的机构

图 2-2　堆肥技术专利特征

2.3.1.2　授权数量及其与环境政策的关系

国际公约和环境政策影响了堆肥技术专利授权数量。图 2-3（a）总结了国际堆肥技术年度授权数量与国际环境政策之间的关系。1990 年、2007 年和 2016 年是专利增长的关键时间节点，在这些时间节点前无一例外地签署了重要国际环境公约。例如，1989 年签署了《控制危险废物越境转移巴塞尔公约》，其旨在制止危险废物向发展中国家出口和转移，在该阶段，堆肥技术是有机固体废物的必要处理方法。《联合国气候变化框架公约》的《京都议定书》（2005 年生效）和《巴黎协定》（2016 年签订）的签订意味着“碳中和”时代即将到来。堆肥技术是实现“碳中和”目标的关键方法之一。

中国在堆肥技术领域取得了显著成就，图 2-3（b）展示了中国堆肥技术年度授权数量与中国环境政策之间的关系。2008 年，中国政府颁布了《国家知识产权战略纲要》，其旨在推动创新发展，这可能是 2009 年中国第一次堆肥技术专利陡增的原因之一。同时，中国政府也认识到利用堆肥技术应对气候变化和粮食安全的可能性，2013 年后，中国政府密切关注了农业有机固体废物的管理和农业土壤问题，《大气污染防治法》和《土壤污染防治法》等政策阻止了农业有机固体废物的肆意处置；《到2020年化肥使用量零增长行动方案》和《开展果菜茶有机肥替代化肥行动方案》促进了使用农业有机固体废物开发有机肥，上述环境政策对我国堆肥技术专利申请量的第二次陡增起到了促进作用。

对于日本［图 2-3（c）］和德国［图 2-3（d）］，虽然有许多环境政策和法律促进了堆肥技术的发展，但一些环境政策的废除似乎也带来了堆肥技术发展的寒冬，如1987年日本环境健康损害赔偿法的废除［图 2-3（c）］。总之，当地政策和国际政策影响了堆肥技术专利授权数量。

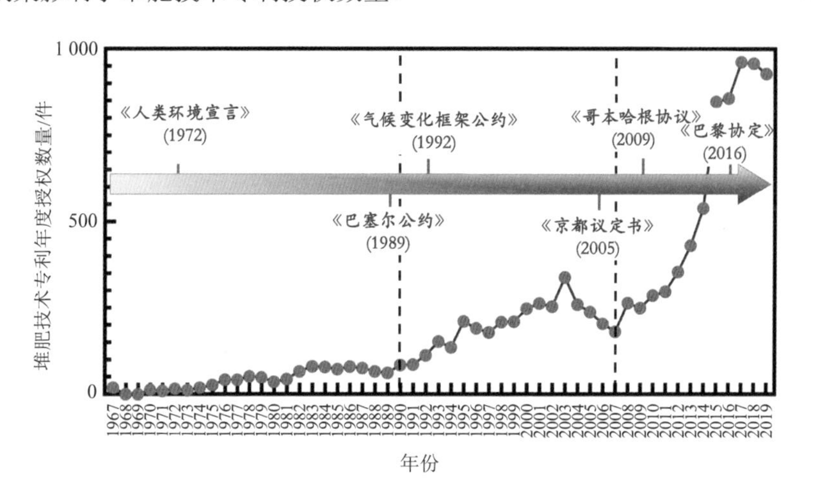

（a）全球

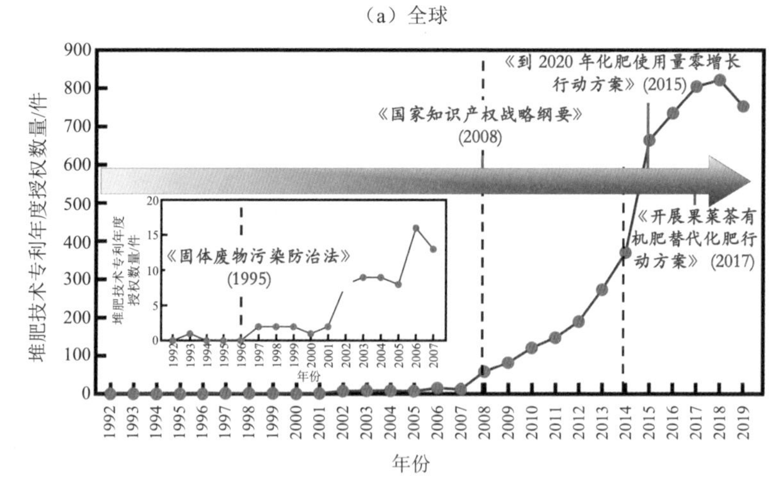

（b）中国

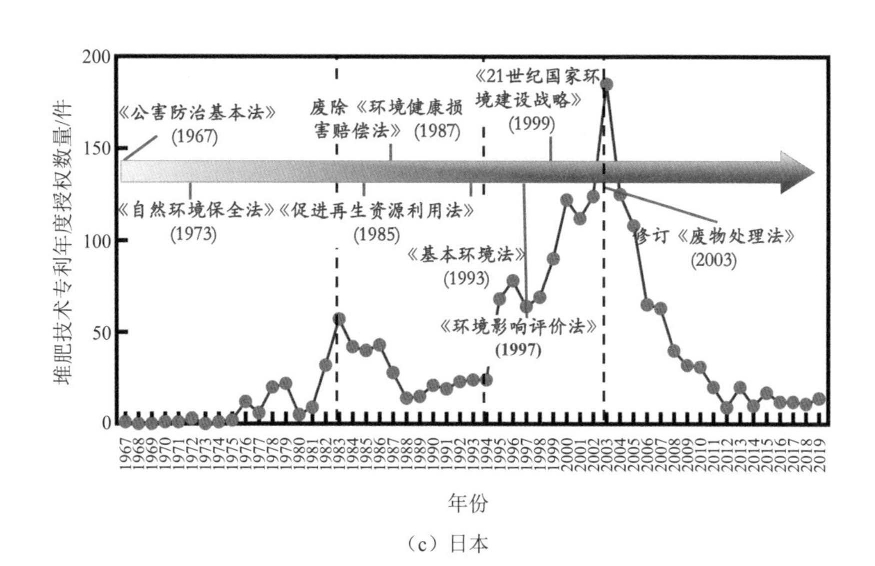

（c）日本

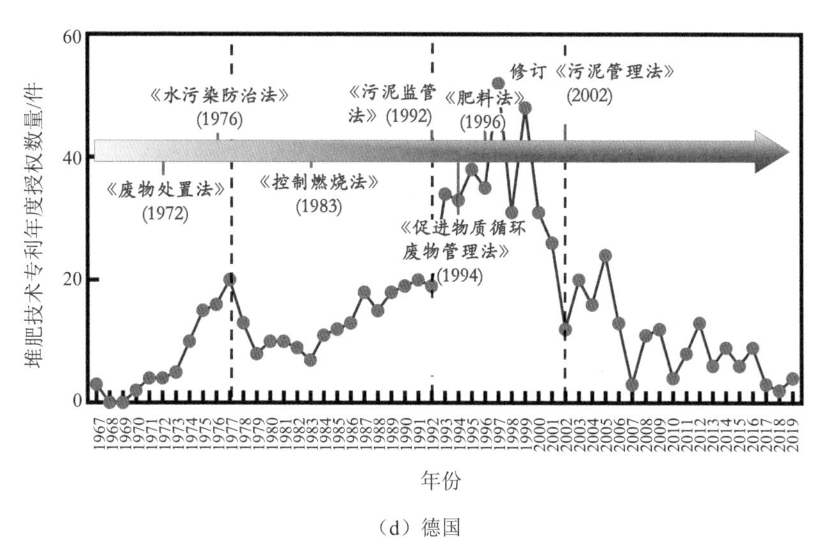

（d）德国

图2-3 堆肥技术专利增长趋势与政策法规发布相关性

2.3.1.3 专利转移

专利转移展示了优先权国家与受让国之间的关系，表明了不同国家在技术发展中所起的作用。数据清理后，所有专利转移过程共涉及 51 个国家和知识产权组织。世界知识产权组织和欧洲专利局是重要的两个堆肥技术专利转移组织，为堆肥技术专利转移提供了平台。奥地利、加拿大和巴西更注重引进堆肥技术，虽然德国和美国的堆肥技术专利申请量较大，其对堆肥技术的引进和输出数量都很高，可以被认为是技术交流的高地［图 2-4（a）］。

中国、日本和韩国虽然拥有较多的专利授权数量，但它们很少向外输出堆肥技术，相反，这些国家却大量地引进堆肥技术专利。以下原因可能导致这一结果：① 3 个国家都对环境保护和农业给予了应有的重视（日本的《21 世纪国家环境建设战略》、中国的《开展果菜茶有机肥替代化肥行动方案》），因此对于堆肥技术的需求较大；②在中国和韩国等国家，堆肥技术近期才被广泛关注，尽管技术授权数量较多，但它们仍缺乏技术转移的时间，无法更好地向外布局；③作为快速发展的亚洲国家，中国和韩国的专利输出目标更多地集中在周边的亚洲国家［图 2-4（b）］，同时在专利转移方面的经验相对较少，这就需要寻找提升在全球技术话语权的方法；④中国的堆肥技术专利大多来自科研院所，与大多数以营利为导向的公司不同，中国科技人才申请专利的目的更注重科研成果保护。此外，授权专利数量是中国教师职称评聘的重要依据之一，因此中国高校教师和科研院所的研究人员对申请专利有着极大的热情。但应当指出的是，一些国内专利的质量需要进一步提高。根据 2020 年教育部、国家知识产权局和科技部给出的若干意见[94]，一些大学将取消对专利申请的绩效奖励。随着中国政策的变化，专利申请和授权总量可能下降，但质量有望提高。

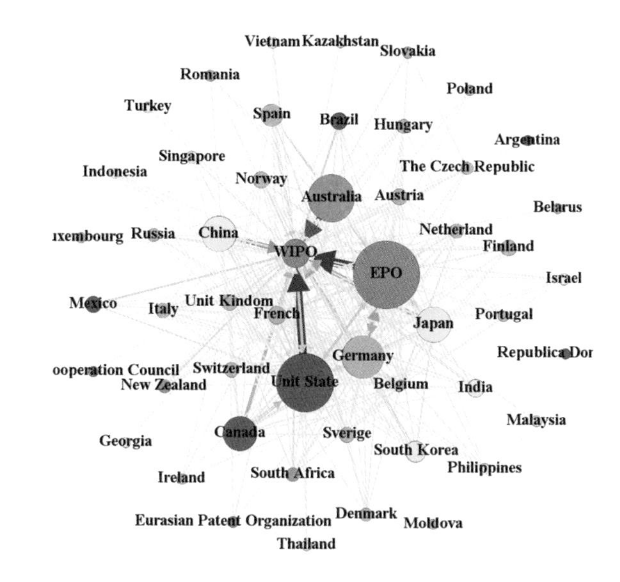

（a）国家/组织向外转移的堆肥技术专利数量

注：节点的大小表示国家/组织的总输入数。

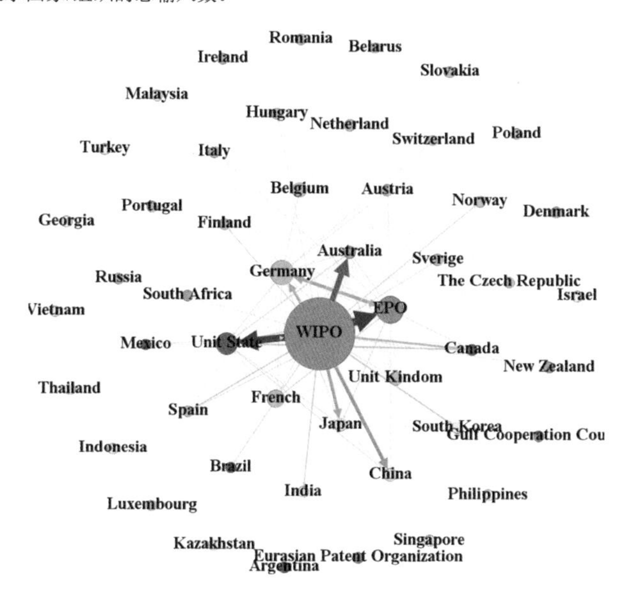

（b）国家/组织引进的堆肥技术专利数量

注：节点的大小说明这个国家的总输出数；定向箭头的方向和厚度分别表示技术转移的方向和数量。

图 2-4　堆肥技术专利在全球范围内的技术转移情况

2.3.2 非结构性文本分析

2.3.2.1 关键词共现分析

从堆肥技术的发展历史来看，出现频次最高的关键词已经从“有机废物”转变为“有机肥”[图 2-5（a）～（c）]，结合专利信息可以确定堆肥技术的目的已经从有机废物处理转向有机肥料制备。根据关键词词频，与农作物秸秆（秸秆粉末、水稻秸秆、玉米秸秆、农作物秸秆）相比，畜禽粪便（鸡粪、牛粪、猪粪）更适合作为堆肥材料生产有机肥，原因之一是粪便经过食草动物消化有助于更有效地为作物提供营养；相比之下，农作物秸秆主要由纤维素、半纤维素和木质素组成，即使在人工环境中添加额外的预处理或接种微生物制剂，它们也很难分解。中国农作物秸秆年产量超过 7.033 亿 t[95]，然而，大部分秸秆被收集后运出农田，运输过程不仅浪费人力、物力、财力，而且进一步加速了农田养分的流失。综合专利分析、文献研究和实际需求，秸秆处理的现状有待改善，秸秆还田是农业可持续发展的关键手段。

尿素等化学肥料（图 2-5 中的蓝色节点）自出现以来就一直伴随有机肥共现。通过人工筛查发现，在有机肥制备过程中通常技术性地加入化学肥料，其主要目的是调节肥料元素比例提高有机肥的肥效，同时意味着有机肥的肥效不高。令人困惑的是，固体废物中含有丰富的营养元素，一些研究甚至为固体废物制备无机肥料的可行性提供了证据[96]。据报道，农业固体废物中含有 38～108 g/kg 的氮[97]，因此最多输入化学复合肥料（N∶P∶K=15∶15∶15）3.95 倍的有机肥即可输入相同量的氮，并且有潜力获得相同的产量。然而，有机肥料的实际需求量要大得多，有机肥施用量甚至要达到复合肥的 30 倍才能达到相同产量的目标，这导致了高昂的种植成本，因此有机种植无法被快速推广。有机肥具有替代化肥的潜力，高效有机肥的制备仍有探索和突破空间。

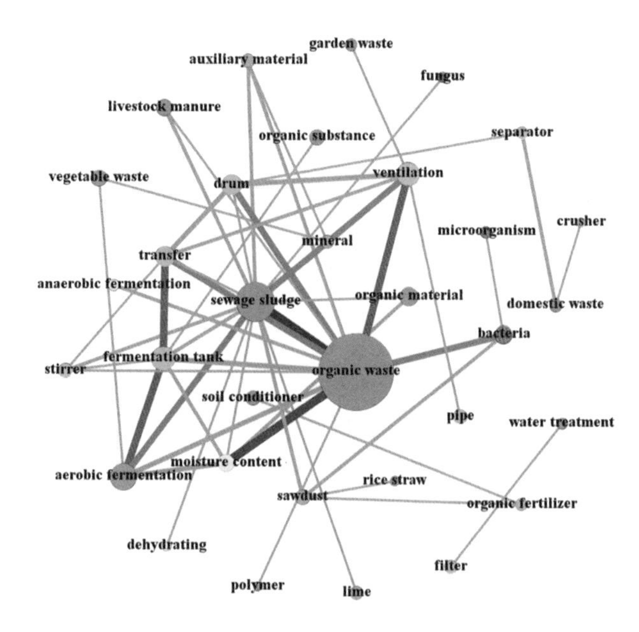

（a）1967—1989 年的关键词关联网络

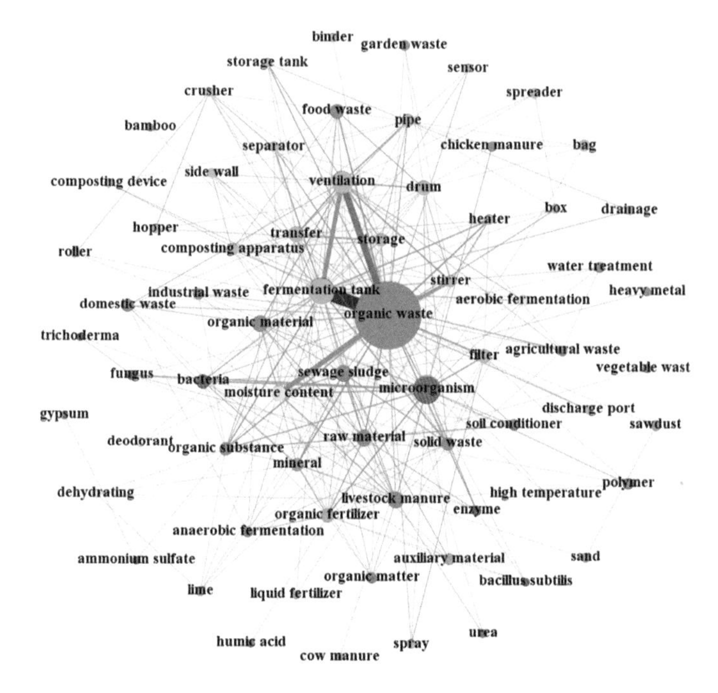

（b）1990—2006 年的关键词关联网络

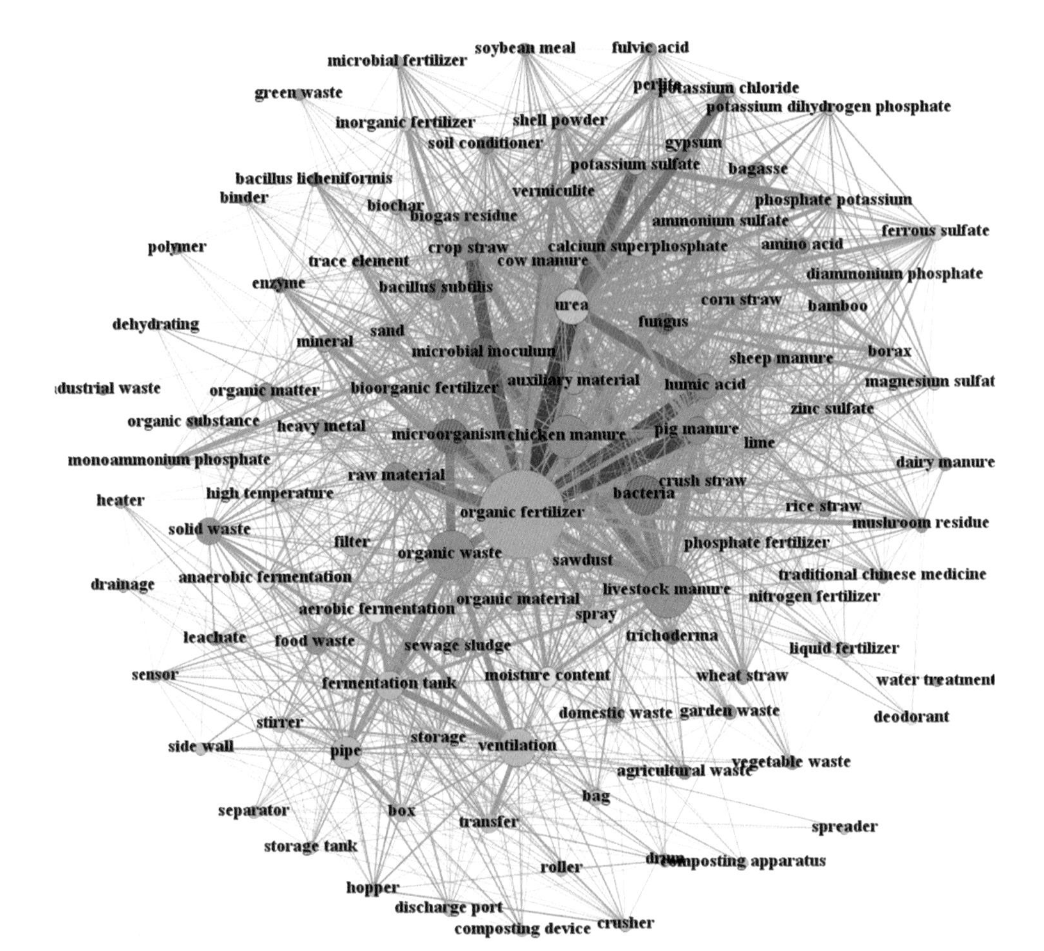

（c）2007—2019 年的关键词关联网络

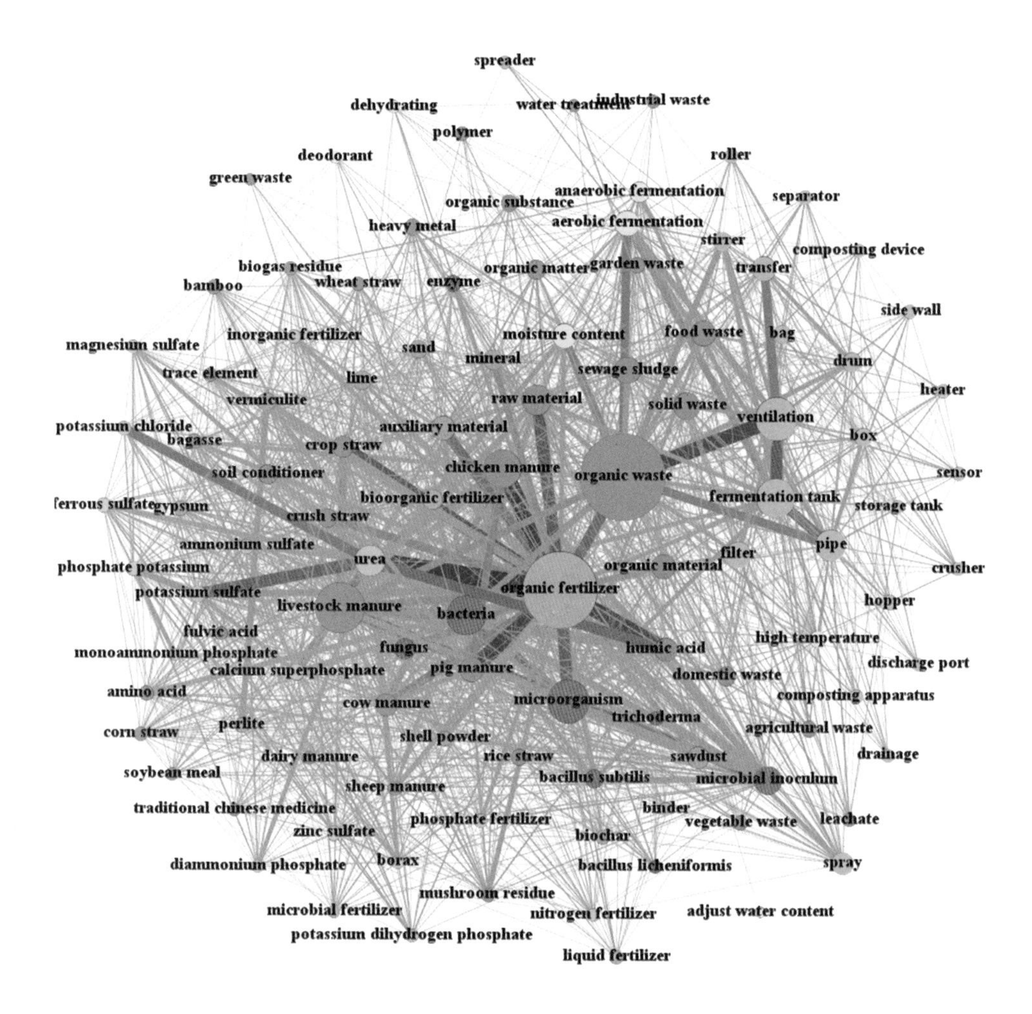

（d）1967—2019 年的关键词关联网络

图 2-5　不同时间段的堆肥技术关键词共现关系

注：节点大小表示词汇频率；线段厚度表示两个关键词的共现次数。

2.3.2.2　堆肥技术专利聚类分析

基于欧几里得距离对所有专利进行 K-means 聚类分析（K=4），然后通过人工检查筛选出类别中的主题，结果如图 2-6（a）所示。堆肥技术专利主要集中在“堆肥设备”主题，占专利总数的 42.76%；其次是“农业固体废物堆肥”、“堆肥方法”和“污泥堆肥”，分别占专利总数的 24.11%、17.62%和 15.52%。

在堆肥设备主题中［图 2-6（b)］，频次最高的关键词包括“发酵系统”“发酵罐”“搅拌装置”等。农业固体废物堆肥主题中［图 2-6（c)］，动物粪便堆肥的技术多于植物秸秆堆肥的技术，与前文的研究结果一致。堆肥方法主题的堆肥技术专利中关键词相对单一［图 2-6（d)］，好氧发酵比厌氧发酵应用更广泛，水和温度是堆肥过程中的主要工艺参数，枯草芽孢杆菌和一些堆肥辅料是主要的添加物质。在污泥堆肥主题中［图 2-6（e)］，好氧施肥和生物处理是广泛考虑的技术，含水量是主要的技术指标。

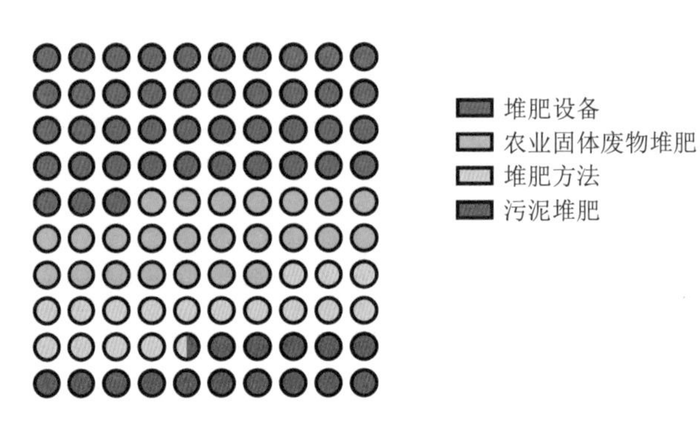

（a）堆肥技术专利的 4 个主题及其数量比例

（b）堆肥设备主题的关键词云图

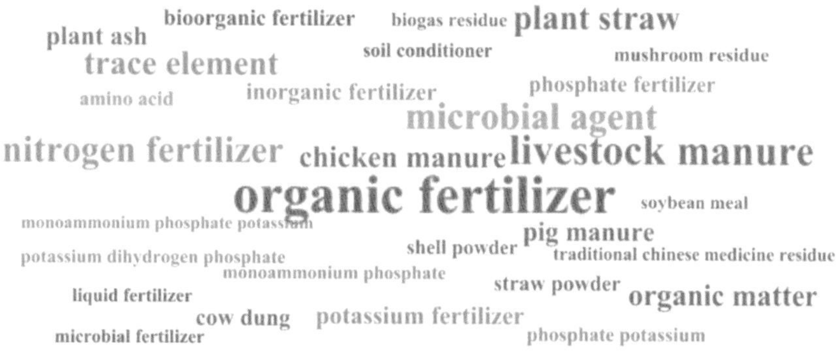

（c）农业固体废物堆肥主题的关键词云图

（d）堆肥方法主题的关键词云图

（e）污泥堆肥主题的关键词云图

图 2-6　不同堆肥技术类别的数量比例及关键词频

注：关键词的大小表示频率的多少，颜色是随机的。

2.3.3 堆肥技术发展潜力预测

本研究将所有堆肥技术分为已被转移和未被转移两类，通过对其进行主成分分析以确定具有被技术转移潜力的专利技术特征，从而避免意义较低的重复研究。主成分分析结果如图 2-7 所示。A、B、C、D 和 E 5 个区域的主要关键词分别为肥料生产过程、堆肥装置、厌氧消化装置、新菌株以及土壤改良剂和矿物质，相邻专利如表 2-1 所示。A 区和 B 区存在大量未转移专利，这证明虽然肥料生产过程和堆肥装置是潜在创新区域，但并不缺乏已授权专利，因此 A 区和 B 区的创新潜力较低。

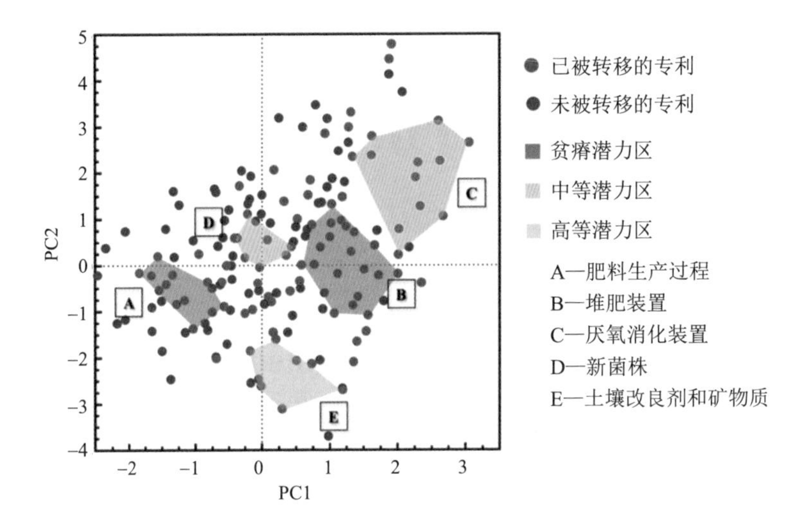

图 2-7　堆肥技术专利创新潜力区域

表 2-1　毗邻专利的详细信息

区域 A			区域 B			区域 C			区域 D			区域 E		
毗邻专利	同族专利数量/项	年份	毗邻专利	同族专利数量/项	年份	毗邻专利	同族专利数量/项	年份	毗邻专利	同族专利数量/项	年份	毗邻专利	同族专利数量/项	年份
JP2167878-A	13	1990	EP755905-A1	2	1997	WO200105729-A1	13	2001	PE2703842-A	8	1975	EP490859-A1	2	1992
WO8806148-A	8	1998	JP3029427-B1	4	2003	WO2003043939-A2	11	2003	WO200008916-A1	10	2000	DE4402692-C1	4	1995
WO2007121201-A	11	2008	WO2006059320-A1	8	2006	US2011101137-A1	16	2011	US2003115629-A1	3	2003	EP860402-A2	4	1998
DE102007031783-A1	3	2008	US2008184918-A1	12	2008	WO2012155086-A2	3	2012	EP1352694-A2	6	2003	WO2005009924-A1	2	2005
CN105801210-A	4	2016	US2011318778-A1	3	2012	EP2818258-A2	3	2015	EP1557403-A1	3	2005	EP1557403-A1	3	2005
			WO2013079909-A1	4	2013	WO2016065400-A1	13	2016	WO2007046650-A1	24	2007	DE102012007900-A1	5	2013
			WO2018068127-A1	2	2018				US2015158780-A1	6	2015			
									WO2016171288-A	12	2016			

C 区为厌氧消化装置，属于中等潜力区域。毗邻专利 WO2016065400-A1（2016）和 EP2818258-A2（2015），描述了利用厌氧发酵处理固体废物的装置，均为近年来授权专利，分别拥有 13 项和 3 项同族专利（表 2-1），这些证据证明使用厌氧发酵法制造堆肥具有市场前景。实际上，农业有机固体废物的厌氧发酵可以满足清洁能源的迫切需求，厌氧发酵后的有机物残渣在控制土传病害方面也比好氧发酵后的有机物残渣更有效[98]，厌氧工艺的优点包括恒定高温可以杀死虫卵，减少恶臭气体排放并降低通风成本[99]。考虑上述优势，厌氧发酵及相关设备可能是未来的研究重点。

以新菌株和微生物加工为主题的 D 区属于中等潜力区域。D 区主要描述了在堆肥过程中使用新型菌株去除异味和污染物。堆肥接种微生物干预发酵过程并加速肥料腐熟的技术是基本的堆肥思路。D 区中 WO2007046650-A1（2007）和 WO2016171288-A（2016）分别拥有 24 项和 12 项同族专利，WO2007046650-A1（2007）描述了一种提高堆肥效率的新菌株，可见尽管使用微生物干预堆肥的方式较为传统，但这一技术已经流行了很长时间，直至 2016 年仍然有相关专利被转让。微生物在堆肥过程中起着至关重要的作用，堆肥中的优势微生物进入土壤后仍可能以土壤益生菌的形式存在。在以前的研究中，芽孢杆菌菌剂可以诱导土壤生态系统对抗土传病害，并通过调节土壤微生物结构恢复土壤功能[100]；最近的证据表明，芽孢杆菌具有修复 POPs 污染土壤的潜力[29]。但由于微生物多样性巨大，筛选可培养菌种对提高堆肥效率和质量仍然至关重要。

E 区的关键词包括土壤改良剂和矿物质。该区域毗邻专利的授权时间为 1992—2013 年（表 2-1），因此是一个传统方向，同时毗邻专利中很少有同族专利（同族专利数量为 2～5 个，表 2-1）。通常矿物质作为补充剂添加至堆肥中可为堆肥提供额外的微量营养素以促进作物生长。然而目前的认知颠覆了这种简单的看法，即碳与矿物之间的相互作用不容忽视。简单地向土壤中添加堆肥并不能有效地改善土壤有机质，不稳定碳很容易被土壤微生物降解，并迅速返回大气碳库，因此稳定土壤中的有机质是一个挑战。一些研究表明，矿物质可能在提高土壤有机质储存效率方面发挥关键作用（将在第3章详述）。重金属污染的土壤已导致食物污染，但添加坡缕石等独特的结合矿物可降低土壤中重金属的生物有效性，稳定重金属，防止污染物迁移到作物中。这些证据表明有机矿质复合体作为土壤改良剂和重金属稳定剂的潜在用途；这是一种在不中断作物生产的情况下修复受污染土壤的可行方法，也是管理受污染农业土壤的最佳方法之一。因此，E区是专利申请中潜在的爆发点，该技术可以为可持续农业和减缓气候变化提供依据。

2.4 小结

从有限的个人知识到充分客观的理解，这项研究通过利用专利挖掘技术来预测堆肥技术。本研究证明，当前堆肥技术正处于扩张阶段，科研人员应抓住这一历史机遇；堆肥技术的首要技术目标已从废物处理转变为有机肥料制备；有42.76%的堆肥技术专利专注于肥料生产设备的制造。中国是全球授权专利最多的国家，然而世界知识产权组织和欧洲专利组织对专利转移的贡献最大。矿物在土壤改良剂中的应用、厌氧发酵和相关设备、新型微生物在堆肥过程中的应用、秸秆堆肥方法以及高效有机肥料的制备是具有潜力的研究方向。尽管堆肥技术领域具有内在的复杂性，但堆肥技术的发展受到环境政策的影响；本书的研究结果为可持续发展决策者和堆肥技术学者提供了有价值的信息。

第3章

文献计量解析 OMC 在农业中的重要作用

3.1 引言

工业革命后大气中的碳含量急剧上升。陆地生态系统可以抵消人类活动 30%的碳排放[101]，其中农田土壤可以贡献陆地碳库 30%～40%的碳封存潜力[102]，因此提升农田土壤碳库是实现“双碳”目标的最可行方法之一。提升农田土壤碳库不仅有助于提高土壤缓冲性能，还可以恢复微生物多样性并提高土壤生产力，有助于重塑土壤生态。“碳专项”的研究证明，尽管为期 30 年的农业土壤碳管理策略（如秸秆还田）可以有效恢复和提升我国绝大部分地区的农田土壤有机质水平，但一些特殊地区的土壤有机质水平恢复较慢或很难恢复[70]，农田土壤碳库增汇的迫切性难以得到满足。

矿物可以为有机物提供稳定的结合位点，矿物与有机物通过吸附形成有机-矿质复合体（organo-mineral complex，OMC）。一些证据表明，OMC 中储存的有机物可以持续千年之久，OMC 被认为是稳定有机物的关键[103]。不同类型的黏土矿物和有机物可以形成不同的 OMC 体系，这导致 OMC 结构十分复杂。尽管有研究已经对 OMC 的组成和结构进行了分析[104]，但对其理解仍然是模糊的，因此，OMC 被称为“生物地球化学黑箱”。OMC 除有助于稳定和储存有机质外，还可以调节无机营养循环影响土壤微生物群落结构并促进作物生长，可见 OMC 在环境影响和结构方面的知识也相对复杂。更深刻地了解 OMC 需要地质学家、土壤学家和环境学家的合作。

文献计量学是一种基于复杂和大量非结构性文本的研究热点预测方法。它的优点是使用机器语言来客观地分析学术大数据，而不似传统文献综述一样对某一主题进行基于个人知识的述评。本书对 Web of Science 核心数据库中涉及 OMC 主题的研究论文（OMCP）进行了文献计量分析，这项研究的目的是：①全面了解 OMC 研究的发展历史；②总结 OMCP 所涉及的关键词和研究领域；③预测 OMC 研究的未来方向。

3.2 研究方法

3.2.1 研究思路

文献计量学是基于复杂和大量非结构性文本的研究排序和热点预测方法。它的优点在于可以使用机器语言客观地分析大量文献，而不是局限于个人知识对文献和数据进行总结。

文献计量分析流程如图 3-1 所示。Web of Science 是最全面和最权威的科学论文数据库之一，因此本研究使用 Web of Science 作为数据源。检索过程将在文献的标题和摘要中搜索检索词汇并输出包含目标词汇的文献。所有检索出的文献经过人工筛查确认后，使用 Python 程序统计结构性文本（包括出版年份、作者和期刊信息，Python 程序详见附录）以提供对 OMCP 的一般性理解。然后，使用 Python 程序从非结构性文本（摘要）中提取关键词，进行关键词共现分析。关键词合并过程根据词义手动完成，摘要中所涉及的关键词类别可以反映该篇文献所涉及的研究类别。本书使用 S 形增长曲线拟合每个类别中论文总数和出版年份的配对数据，以分析 OMC 在不同领域内的研究潜力。

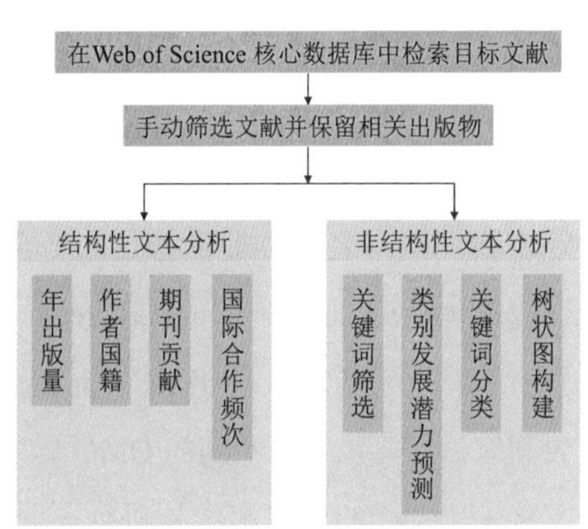

图 3-1 文献计量分析流程

3.2.2 数据采集

本研究于 2021 年 6 月检索了 Web of Science 核心数据库，发表期限设定为 1900—2020 年。根据研究经验并进行了多次检索实验，布尔运算符 TS 被设置为

（organo-mineral complexes）OR（organo-mineral association）OR（organo-mineral interaction）OR（organo-mineral aggregate），以便在标题和/或摘要中输出包含 OMC 的主题文献，检索共得到了 831 份文献。随后对该 831 份文献进行人工清理，剔除“血液中有机物和矿物质相互作用”等不相关文献和非期刊文献，最终共收集了 751 个 OMCP 作为分析样本用于后续研究。

3.2.3 结构性文本分析

OMCP 导出后被重新组织为 Excel 格式文件，示例如图 3-2 所示。然后使用 Python 程序统计结构性文本信息，包括出版年份和期刊信息。Python 代码是使用 PyCharm（Version 2020.2.3）编辑的。导出文件中没有标记作者的国籍，因此本研究手动查找并统计了出版物所有作者的国籍。

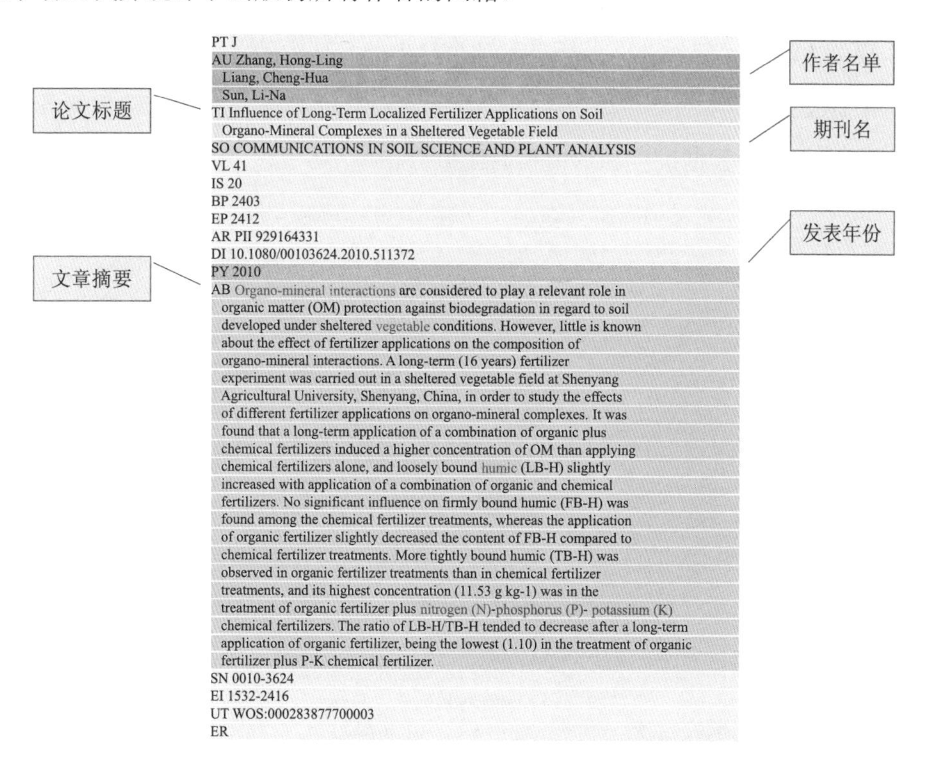
PT J
AU Zhang, Hong-Ling
Liang, Cheng-Hua
Sun, Li-Na
TI Influence of Long-Term Localized Fertilizer Applications on Soil
Organo-Mineral Complexes in a Sheltered Vegetable Field
SO COMMUNICATIONS IN SOIL SCIENCE AND PLANT ANALYSIS
VL 41
IS 20
BP 2403
EP 2412
AR PII 929164331
DI 10.1080/00103624.2010.511372
PY 2010
AB Organo-mineral interactions are considered to play a relevant role in
organic matter (OM) protection against biodegradation in regard to soil
developed under sheltered vegetable conditions. However, little is known
about the effect of fertilizer applications on the composition of
organo-mineral interactions. A long-term (16 years) fertilizer
experiment was carried out in a sheltered vegetable field at Shenyang
Agricultural University, Shenyang, China, in order to study the effects
of different fertilizer applications on organo-mineral complexes. It was
found that a long-term application of a combination of organic plus
chemical fertilizers induced a higher concentration of OM than applying
chemical fertilizers alone, and loosely bound humic (LB-H) slightly
increased with application of a combination of organic and chemical
fertilizers. No significant influence on firmly bound humic (FB-H) was
found among the chemical fertilizer treatments, whereas the application
of organic fertilizer slightly decreased the content of FB-H compared to
chemical fertilizer treatments. More tightly bound humic (TB-H) was
observed in organic fertilizer treatments than in chemical fertilizer
treatments, and its highest concentration (11.53 g kg-1) was in the
treatment of organic fertilizer plus nitrogen (N)-phosphorus (P)- potassium (K)
chemical fertilizers. The ratio of LB-H/TB-H tended to decrease after a long-term
application of organic fertilizer, being the lowest (1.10) in the treatment of organic
fertilizer plus P-K chemical fertilizer.
SN 0010-3624
EI 1532-2416
UT WOS:000283877700003
ER

图 3-2 导出的 OMCP 的 Excel 格式文件示例

中国台湾、中国香港和中国澳门的作者已统一归类到中国籍作者。通过计算同一篇文章中不同国籍作者的共现频率来分析国际合作的频率。

3.2.4 关键词提取、分类和共现分析

使用 Python 代码从摘要中提取频率超过 5 的单词作为关键词。除停用词表中的单词外，还手动删除了不相关的单词，如电位、土壤和面积等。对反映 OMCP 技术特征的关键词进行了仔细而严格的筛选。探索关键词之间的关系有助于阐明研究的内在联系。Python 程序用于计算 OMCP 中出现的每个选定关键词的频率，计算成对出现的合并关键词并用于共现分析。

3.2.5 OMCP 分类和发展潜力预测

聚类方法和过程如图 3-3 所示。首先只保留摘要中的关键词，这些关键词的类别即该文献所涉及的类别，进而生成发表年份-关键词-分类矩阵，使用开源网站 Loglet lab 4 对数据进行 S 形增长曲线拟合。

TI: Use of model soil colloids to evaluate adsorption of phenanthrene and its mobilization by different solutions
PY: 2008
A number of volcanic **agricultural** soils from the Solofrana river valley (southwestern Italy), irrigated for a long time with contaminated river water or subjected to overflowing, were collected and examined for fundamental soil parameters and total content and distribution of Fe, Cr, Cu, Mn, Ni, Pb and Zn. Micromorphological properties, the effect of main soil characteristics on the distribution of heavy metals in the various forms, and metal uptake or effects on vegetables were also investigated. Chromium and Cu were the only metal contaminants, occurring in soils in broad ranges of concentrations (Cr 62–335 and Cu 70–565 mg kg−1) and in the surface horizons always above the regulatory levels (Cr 150, Cu 120 mg kg−1), as established by the Italian Ministry of the Environment for soils of public, private and residential areas. Chromium and Cu, but also Ni, Pb and Zn, were concentrated in silt (20–2 μm) and clay (<2 μm) fractions. Sequential extractions indicated for all soils a preferential association of Cr and Cu with organic matter. Fe, Ni, Pb and Zn, while occurring in analysed samples in usual soil concentrations, were primarily held in the residual mineral fraction (>50%). Mn was uniformly distributed among all the extracted fractions. For all metals the soluble and exchangeable forms made a small contribution to the total. Significant amounts of Cr and Cu were recovered in the acid ammonium oxalate extraction, suggesting association of metals with **short-range-order aluminosilicates** and **organo–mineral complexes**. The amounts of metals extracted by **oxalate** were found to be approximately equal to two thirds of the sequentially removed non-residual amounts. The results of DTPA extraction confirmed the low bioavailability of heavy metals in soil. The metal concentration in dwarf beans and lettuces growing on one contaminated soil did not exceed the maximum concentration recommended by the European Union. However, the **enzyme** activities in the bean roots indicated the induction of anti-oxidative defense mechanisms due to metallic stress. Optical microscopy (OM) showed occurrence of clay and silt coatings along elongated pores in the surface and subsurface soil horizons, suggesting a risk of metal-rich sediment transfer along the soil pore network during water movement.

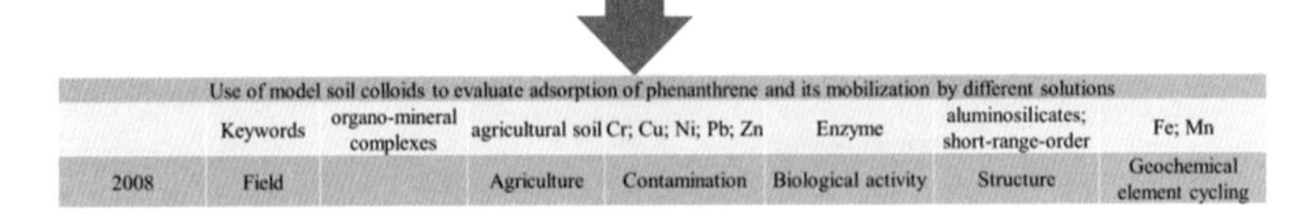

Use of model soil colloids to evaluate adsorption of phenanthrene and its mobilization by different solutions							
	Keywords	organo-mineral complexes	agricultural soil	Cr; Cu; Ni; Pb; Zn	Enzyme	aluminosilicates; short-range-order	Fe; Mn
2008	Field		Agriculture	Contamination	Biological activity	Structure	Geochemical element cycling

图 3-3 导出的文本和分类示例

3.3 研究结果

3.3.1 OMCP 的结构性文本分析

共检索到1900—2020年OMCP 751篇（图3-4）。根据OMCP的年出版量，OMC研究的历史可分为3个阶段［图3-4（a）］：低速发展阶段（1959—1990年）、中速发展阶段（1993—2010年）和高速发展阶段（2013—2020年），平均年OMCP数量分别为2.61篇、11.3篇和44.9篇。2014年OMCP的年出版量首次超过40篇。

OMCP共计被土壤科学、农林科学和环境科学领域的204种期刊报道。图3-4（b）列出了发表OMCP最多的前10种期刊，其中包括*Environmental Science and Technology*、*Soil Biology and Biochemistry*和*Geoderma*等领域内高水平期刊。根据Clarivate于2020年公布的影响因子，排名前十的期刊的平均影响因子为5.967，这表明OMC研究在高水平期刊中受到了相当大的关注。*Geoderma*、*Soil Biology and Biochemistry*及*European Journal of Soil Science*发表了最多的OMCP，分别为86篇、61篇和30篇。

OMCP的研究人员来自61个国家或地区。排名前四的国家分别为德国、法国、中国和美国，作者数量分别为506人次、440人次、421人次和401人次，这4个国家是OMC研究的主要贡献国家，其他国家的作者不超过200人次。德国、法国和美国的作者数量总体上一直在增加但存在一些波动［图3-4（c）］。中国从2005年起才有学者参与OMC研究，但中国是该领域发展最快的国家［图3-4（c）］。

国际合作情况的统计结果如图3-4（d）所示。1990年之前，没有来自不同国家的学者合作出版OMCP的记录。在接下来的30年里，国际合作的频率逐渐增加。1991—2000年、2001—2010年和2011—2020年3个十年段，国际合作频次分别为6次、61次和121次，国际合作的数量与出版量呈线性相关（R^2=0.961 3，

P=0.000 6)，这一结果表明国际合作和 OMCP 相互促进，同时广泛的国际合作表明 OMC 这一主题的研究已经引起了更多的关注和迫切的技术需求。

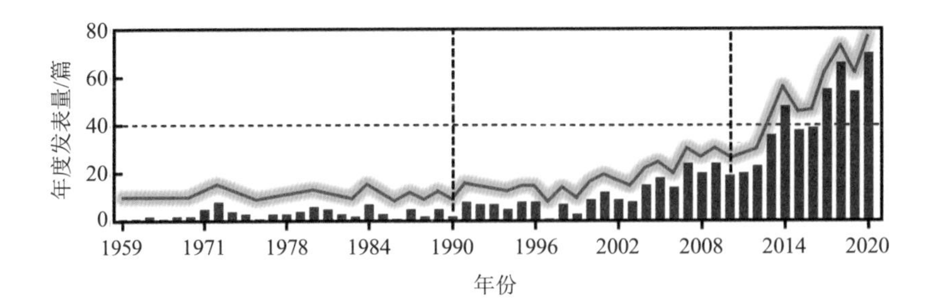

(a) OMCP 的年度出版数量

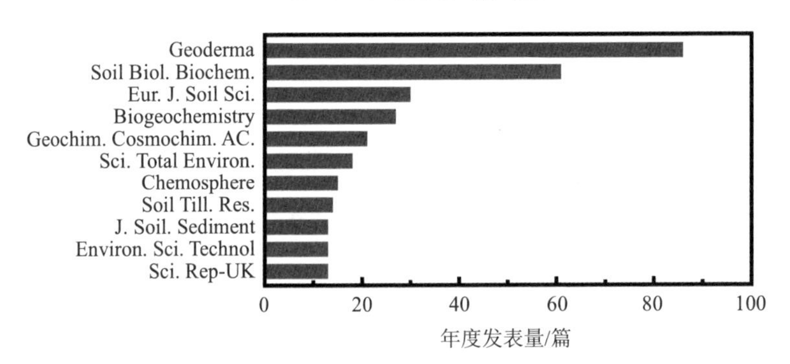

(b) OMCP 发文量排名前十的期刊

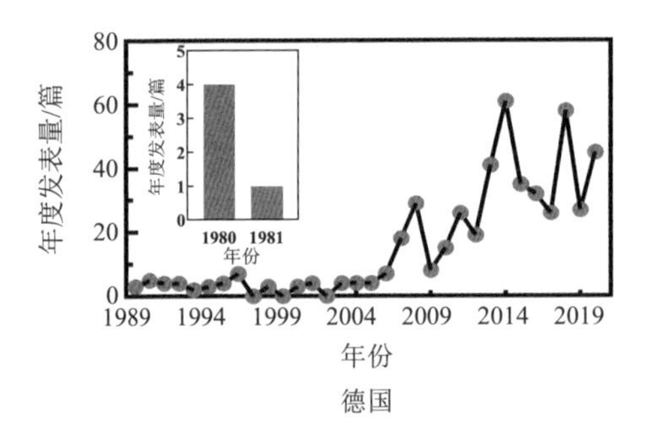

德国

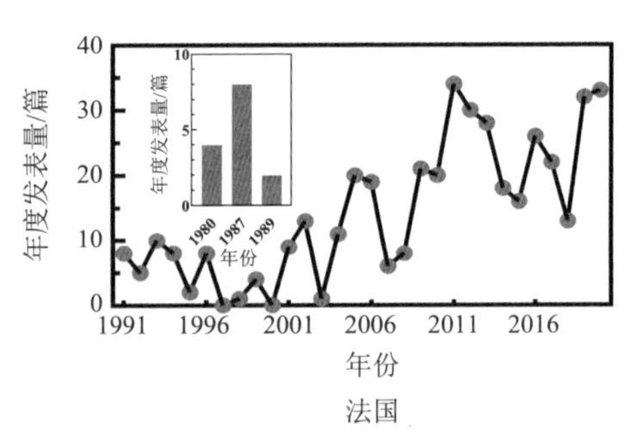

法国

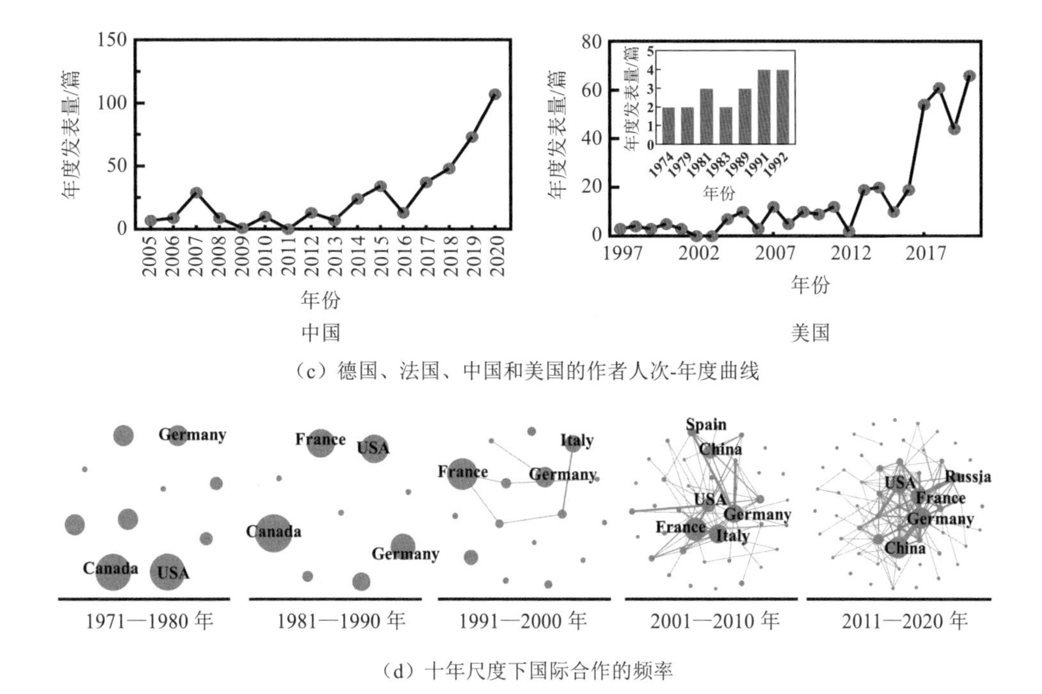

（c）德国、法国、中国和美国的作者人次-年度曲线

（d）十年尺度下国际合作的频率

图 3-4　OMC 主题文献的结构性文本特征

注：节点的大小表示该国作者的数量，线条的粗细表示不同国家之间关键词共现频率。

3.3.2　OMC 研究的非结构性文本分析

3.3.2.1　OMC 主题研究所涉及的研究领域和关键词

使用 Python 程序提取 OMCP 摘要中词频大于 5 的单词，共获得 2 262 个单元词和 2 153 个多元词，根据停用词表清洗关键词，最终得出 130 个可以反映 OMCP 研究特点的关键词。人工将关键词归为 6 类（图 3-5）：元素循环（Element Cycling）、生物行为（Biological Activity）、农业（Agriculture）、污染物（Pollutants）、组成成分（Composition）和其他（Others）。

在元素循环分类中，C、Fe、N 的词频最高，分别为 518 次、301 次和 148 次，环境污染物——重金属元素单词也被大量检出，其中铜（Cu）的频次是 40 次，

Cd 和 As 的频率分别是 19 次和 16 次。有机污染物，如除草剂——阿特拉津（Atrazine，6 次）和持久性有机污染物——多环芳烃（PAHs，6 次）也被检出。组成成分类别中的关键词数量较多，主要包括无机化合物和有机化合物，这与 OMC 组成的复杂性一致。OMCP 中包含丰富的农业词汇，如堆肥（Compost，19 次）、产量（Yield，34 次）和土壤改良（Soil Amendment，9 次）。尽管尚未有研究将 OMC 应用于农业，但在对农业的研究中已经注意到 OMC 的存在可能影响了农业产量[105]。在 OMCP 中发现了与生物过程相关的丰富关键词，这些关键词代表了多种生物过程，如动物、植物、微生物和酶活性。其他类别包括研究目标、位置信息、土壤类型等，以及 OMC 结构研究所涉及的定性技术和定量技术。

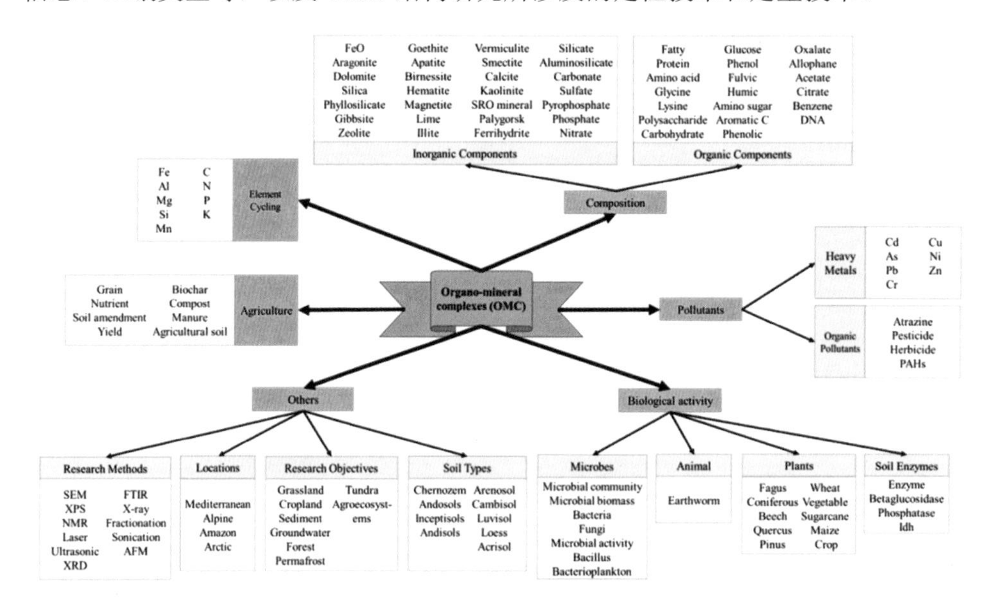

图 3-5　OMC 研究关键词的树状图

3.3.2.2　关键词共现分析

130 个关键词之间的共现关系是复杂的，因此本书调查了不同类别关键词之间的共现关系，以便更有针对性地了解 OMC 研究。

尽管许多研究使用了原子力显微镜和核磁共振等现代技术来分析 OMC 的结构，但对其结构的理解仍然有限，矿物和有机物的结合机制仍不十分清晰[106]。通过分析有机化合物和无机化合物之间的配对关系以解释 OMC 的组成特点［图 3-6（a)］，结果表明，磷酸盐、硅酸盐、水铁矿是 OMC 的主要矿物成分，而腐殖酸、脂肪酸、苯酚和蛋白质是主要的有机成分。尽管草酸盐的词频较低，但草酸盐、磷酸盐和焦磷酸盐之间存在明显的共现关系。草酸盐和焦磷酸盐具有强烈的配位活性，因此可能更容易与矿物形成稳定的配合物。水铁矿和硅酸盐分别与 12 种和 10 种有机组分具有共生关系，这表明水铁矿和硅酸盐可与多种有机组分形成 OMC。

在 OMCP 中发现了许多与生物活性有关的关键词，这些关键词与元素循环类和农业类关键词建立了良好的共现关系［图 3-6（b)］。微生物活性、碳和作物之间存在很强的共现关系，OMCP 涉及重要农业营养元素（如 C、N 和 P）的循环。我们还研究了元素循环、农业和无机成分类别之间的共现关系［图 3-6（c)］，以进一步验证矿物和 OMC 在农业中的应用潜力。C、Fe、二氧化硅、高岭石、养分和产量具有很强的相关性。这表明，高岭石和二氧化硅等含硅矿物有潜力调节营养循环，提高农业生产中的作物产量。我们之前强调，硅酸盐可以与大多数类型的有机物形成 OMC。这一证据证明了使用硅酸盐制造合成 OMC 在农业中的应用潜力，因此我们使用硅酸盐和鸡粪堆肥开发了 OMC 材料（在第 4 章详述）。

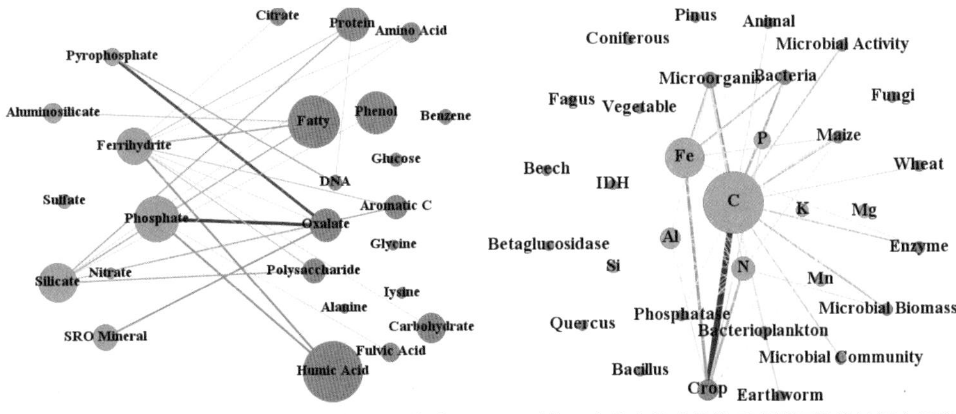

（a）有机化合物和无机化合物之间的共现关系　（b）矿物、农业和地球化学元素循环类关键词之间的共现关系

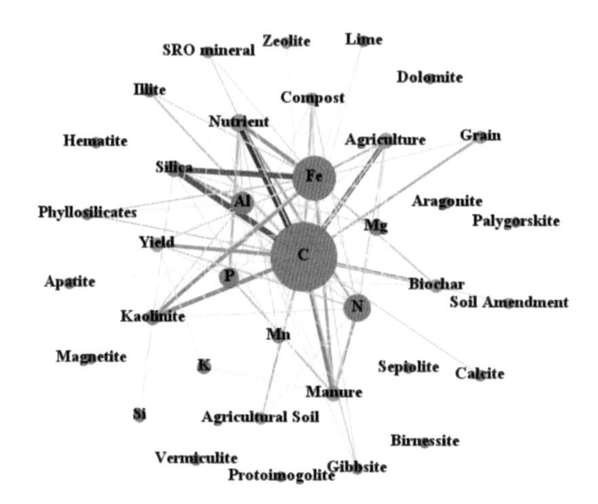

（c）生物活性与元素循环类关键词之间的共现关系

图 3-6　OMCP 关键词共现关系

注：节点越大，关键词出现的频率就越高；连线的颜色越深，线段所连接的两个关键词的共现频率就越高；节点颜色表示关键词的类别。

3.3.3　不同主题 OMC 研究的发展潜力

主题研究的生命周期通常呈“S”形发展趋势。根据关键词-分类-年度的成对数据获得了 OMC 在元素循环、生物行为、农业、污染物、OMC 组成成分 5 个分类的 OMCP 发表量年度数据进行 S 形曲线拟合，结果如图 3-7 所示，曲线参数如表 3-1 所示。

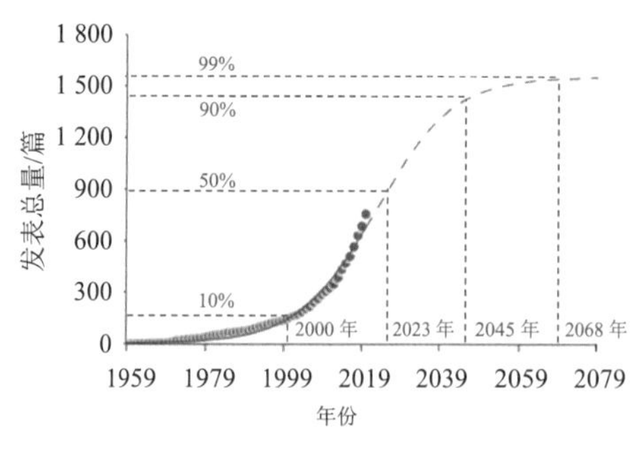

（a）OMCP 发文量的增长趋势

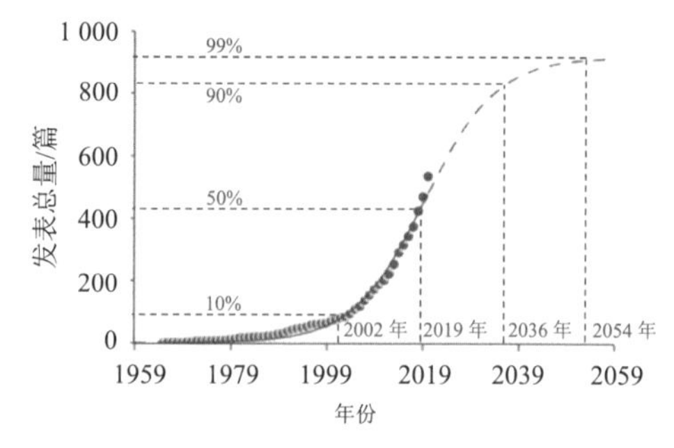

（b）OMCP 在元素循环方向的发文量增长趋势

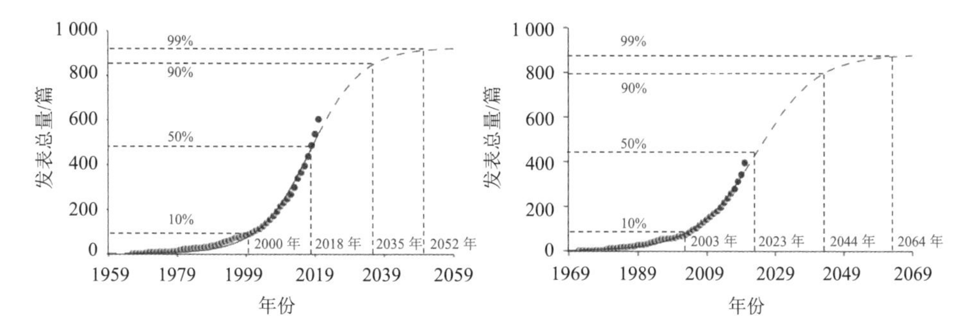

（c）OMCP 在 OMC 组成成分方向的发文量增长趋势　（d）OMCP 在生物行为方向的发文量增长趋势

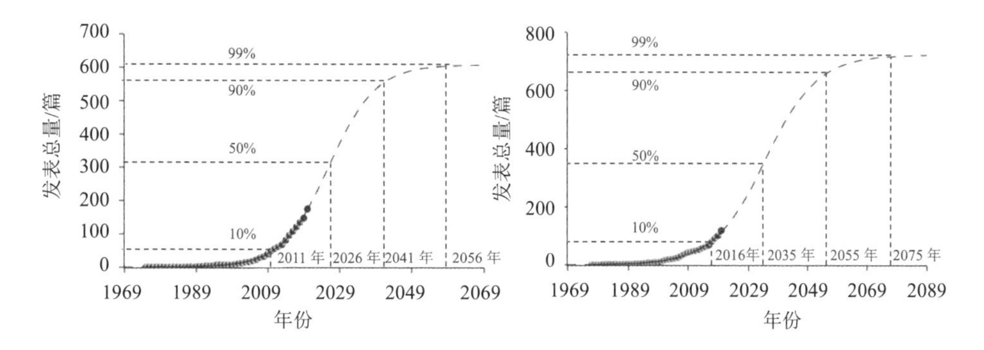

（e）OMCP 在农业方向的发文量增长趋势　（f）OMCP 在污染物方向的发文量增长趋势

图 3-7　OMCP 在不同领域的发文量增长趋势

注：蓝色点表示 OMCP 的累计数量，蓝色曲线说明了发展趋势；红色虚线表示特定年份达到的饱和程度。

表 3-1　曲线的特征参数

分类	K	R^2	10%	50%	90%	99%
OMC 主题论文发表总量	1 556	0.973	2000	2023	2045	2068
元素循环	919	0.975	2002	2019	2036	2054
OMC 组成成分	924	0.981	2000	2018	2035	2052
生物行为	881	0.991	2003	2023	2044	2064
农业	608	0.996	2011	2026	2041	2056
污染物	723	0.988	2016	2035	2055	2075

注：K 是 S 形增长曲线的无限接近最大值；R^2 是曲线拟合度；10%、50%、90%和 99%是达到极值特定百分比的年份。

预计 OMCP 的总发表量在 2068 年将达到 1 556 篇，然而，目前只有 751 篇 OMCP 发表，不足总发表量的 50%。在未来几十年的时间中，OMCP 的发表数量将快速增长并迎来一个重要的高潮阶段，这与 3.3.1 中“OMC 研究目前正处在高速发展期”的研究结论一致。“元素循环”和“OMC 组成成分”的主题研究将在 2050 年前后达到饱和，届时将分别有 919 篇和 924 篇 OMCP 被发表。“生物行为”主题的研究潜力相对较大，将持续到 2064 年，目前已经接近 50%［图 3-7（d）］。

与农业和污染物控制相关的 OMC 研究是两个最具潜力的研究方向。目前，与农业和污染物控制相关的 OMCP 发表量分别低于预估总量的 30%和 25%。在未来 20 年，这两个领域将进入暴发期［图 3-7（e）（f），表 3-1］。这些与农业和污染物控制有关的 OMCP 的生命周期可能分别持续到 21 世纪的 50 年代和 70 年代。

3.4 讨论

3.4.1 OMC 在农田固碳和农业生产中的应用潜力

S 形曲线表明，OMCP 在农业领域的研究将在 2056 年前后达到饱和，而目前占饱和量的比例不足 30%［图 3-7（e）、表 3-1］，这意味着在接下来的几十年中 OMCP 与农业之间的关联研究将快速增加。OMC 在农业中的应用潜力表现在促进农业土壤固碳和促进作物增产两个方面。

实践经验证明，向土壤中简单添加堆肥、秸秆等有机物在一些特殊地区仍然无法有效提升土壤有机碳（Soil Organic Carbon，SOC）含量，这些不稳定的外源碳很容易被土壤微生物降解并迅速返回大气碳库[107]，寻找有效的 SOC 稳定方法仍然是一个挑战。C 是 OMCP 中最常见的关键词，相当一部分 OMCP 关注了 OMC 和 C 的相关性。关于 OMC 的固碳机制主要集中在两个方面：①矿物通过螺旋生长包裹有机物[108]。螺旋生长的矿物外壳阻止了微生物和有机物之间的接触，避免了有机物被微生物氧化，从而导致有机物的持久保存[109]。②光谱证据表明，短程有序矿物可以作为“核”吸附有机物质[110]，矿物表面通过为吸附有机物质提供稳定的结合位点降低了有机物质的生物利用度。农田土壤是不可忽略的重要陆地碳库，全球农田表层（0～30 cm）的额外碳储量为 29～65 Pg C，相当于目前 3～7 年的排放量[111]，提高 SOC 含量是部分缓解气候变化的一个具有吸引力的方案。通过对全球 1 144 个土壤剖面和全球碳储存能力进行研究发现，在 1 m 深的非永久冻土中，碳储量为 899 Pg C，虽然这部分碳占据表层和深层土壤碳的 66%和 70%，但仅占矿物学碳容量的 42%和 21%，特别是在农田土壤中，矿物结合态碳的饱和量不足预示着几年到几十年的碳固存潜能[112]。

以往的研究经验证明，堆肥技术[71]、低碳能源技术[113]和光伏技术[114]等可持续技术会随着环境政策变化而迅速发展。在农业土壤固碳领域，现阶段多项全球性鼓励计划正在进行。此外，欧盟和中国都开展了大规模土壤碳封存行动以通过加强土壤碳封存促进农业的可持续发展。OMC 的存在可以促进土壤固碳，因此这些政策和国际行动为 OMC 在农业中的研究和应用提供了一个有效杠杆。

除此之外，以往的知识认为向土壤中添加矿物可以为植物生长提供微量元素以促进作物生长。然而，目前的知识颠覆了这种简单的看法，即碳和矿物之间存在不可忽视的相互作用[115]：在根系分泌物的作用下 OMC 中的矿物质可以被激活并具有较高的生物有效性[110]，被腐殖酸和黄腐酸结合的铁、铜和锌更容易被植物吸收[116]。此外，在 OMC 的化学成分分析研究中，低分子量有机碳，如氨基糖[117]、氨基酸[118]和多酚[119]被广泛检出。这些低分子量有机碳既是植物和土壤微生物的碳源，更重要的是，它们也可以作为调节生命活动的信号分子[120]。一些相似的研究证据表明，OMC 体系的碳具有明显的生物活性[121]，OMC 含量与作物生长呈正相关关系[105]。因此，OMC 体系中的有机和无机成分都有可能在根际等特殊条件下调节生命活动。然而不得不强调的是，尽管上述证据表明 OMC 具有调节根际生命活动的潜力，但目前仍然鲜有研究报道 OMC 如何影响植物和微生物等生命体。

3.4.2 OMC 控制污染物迁移

OMCP 与污染物控制的研究仍然不足预测总量的 25%［图 3-7（f)］。在中国、澳大利亚、欧盟和其他国家（地区），农业土壤污染都得到了极大的关注[27]。有报道指出，中国主要粮食产区耕地土壤中重金属的超标率为 21.49%[2]。然而，传统的物理和化学修复技术成本高昂，可能会造成二次污染，不适用于中低污染水平的农田污染土壤修复[122]。植物修复和微生物修复在大规模农田土壤修复中效果较差[7, 115]。迫切需要开发生态和低成本的土壤污染修复技术[123]。除降低关键词树状图（图 3-5）中重金属的生物有效性外，OMC 还会影响汞[124]、钨[125]和锑[126]的迁移特征，这证明 OMC 对重金属的吸附机制是多样的。

表 3-2 总结了使用 OMC 固定污染物的典型案例和机制。3 种主要的稳定机制如下：①吸附。OMC 含有矿物质和有机物，因此，OMC 对污染物的吸附为化学吸附[122]。有机物中含有丰富的官能团，研究表明，Cd 可以在铁碳体系中与—COO^-和—OH 形成内部配合物[127]。特定官能团（如—NH_2 和—SH）已被证明与重金属形成络合物，并降低土壤中重金属的生物有效性。几项研究的结果表明，有机物的相互作用是一种经常被忽视的有机吸附机制[128]；在对多环芳烃（PAHs）分布的研究中，发现分子量较小的有机化合物可以捕获更多的 PAHs[129]。较小的结构和较大的比表面积有利于污染物的吸附。矿物结合态碳的粒径较小但比表面积较大[130]，有助于吸附有机污染物。②沉淀作用。研究使用 OMC 固定 Cd，发现 Cd 可以富集在矿物骨架表面，形成 $CdCO_3$ 和 $CdFe_2O_4$ 沉淀[122]。这些沉淀物相对稳定，被认为是难以发生迁移的一部分重金属。③封装。Kumar 等证明[131]，OMC 具有高浓度的含氧官能团，有助于锌的固存。使用时间分辨原位原子力显微镜进行的研究表明，有机物和污染物通过嵌入、压缩以及在相对较高浓度的过饱和溶液中通过方解石表面生长的螺旋推进逐渐被包围[108]。这种自组装机制可以隔离有机物，同时封装重金属和有机污染物。因此，考虑到污染物种类的多样性、污染范围的广泛性及 OMC 防止污染物迁移的总体能力，OMC 仍具有作为

污染修复剂的研究潜力和空间，这是 OMC 在污染物研究中具有潜力的预测的更深层次解释。

表 3-2 使用 OMC 固定污染物的案例和机制

序号	体系	表征方法	污染物稳定方式	污染物	参考文献
1	坡缕石、鸡粪堆肥	FTIR、XRD、SEM	静电吸附、化学吸附、沉淀	Cd	[122]
2	胡敏酸、$Al(OH)_3$	NanoSIMS	吸附	Cu	[127]
3	矿渣、有机质、$CaCO_3$	XPS、FTIR	封装包裹	Zn	[131]
4	Fe/Al 结合复合体、Ca 结合复合体	FTIR、XRD	络合、沉淀	Pb、Cd	[132]
5	水铝英石、铁氢化物、河流沉积物	FTIR、DTA、XRD	吸附	Cu、Cd	[133]
6	水铝英石、Fe_2O_3、堆肥	TEM	吸附	Cu	[134]
7	石英、白云母、高岭石	XRD	吸附	PAHs	[135]
8	铁氢化铁、聚合蛋白	DRIFTS、BET	吸附	Herbicide	[136]

注：TEM—透射电镜；SEM—扫描电镜；FTIR—傅里叶红外光谱；XPS—X 射线光电子能谱；XRD—X 射线衍射；DTA—差热分析；DRIFTS—漫反射傅里叶变换红外光谱；BET—比表面积测试；PAHs—多环芳烃。

第 4 章

OMC 材料对 Cd-As 复合污染土壤的修复效果和机制

4.1 引言

自 20 世纪 80 年代以来，经济发展和环境保护的不平衡造成中国农作物主产区 21.49%的土壤污染物超标[2]。根据多项调查报告，Cd-As 复合污染现象较为普遍（表 1-1）。Cd 和 As 可以通过富集效应在人类主食、蔬菜和海产品中积累[137]，食用 Cd 或 As 污染超标的食物可以造成急性和慢性中毒，农田 Cd-As 复合污染土壤对人类粮食安全造成严重威胁。

前文的文献计量学研究已经强调了 OMC 在阻控重金属迁移方面的潜力。多项实践研究表明，改性后的黏土矿物具有良好的重金属吸附能力，有机物中的丰富官能团有利于重金属的吸附[149]，这些实践验证了 OMC 阻控重金属迁移的可行性。目前已有研究在实验室内验证了 OMC 材料可以在水等均相介质中吸附钨、铜[125, 127]等阳离子，然而目前鲜有研究探讨外加 OMC 材料在土壤这一高异质性介质中对重金属迁移转化的影响。此外，As 在环境中以含氧阴离子形式存在，多项研究指出其与 Cd 等阳离子的吸附机制不同[7, 43]，OMC 材料对 Cd 和 As 的吸附能力和吸附机制尚未被充分研究。

基于以上研究灰区，本书首先探究了水环境中 OMC 材料对 Cd 和 As 的吸附能力和吸附机制，随后在老化复合污染土壤中建立了修复实践以探究 OMC 材料对 Cd-As 复合污染土壤的实际控制能力。这两项相互关联的实验目的在于：①探索 OMC 材料对 Cd 和 As 的吸附机制；②评估 OMC 材料在 Cd-As 复合污染土壤修复中的应用潜力；③探明在实际土壤环境中 OMC 材料对 Cd 和 As 迁移转化的影响。研究所得结论可以为农田 Cd-As 复合污染土壤修复提供一种新型的并具有成本优势的土壤管理策略。

4.2 材料与方法

4.2.1 OMC 材料和 OMC 模型制备及特性

OMC 材料由天津大学和安徽乐农环保有限公司（Anhui Lenorm Environmental Protection Co.，Ltd.）合作开发，本书中的 OMC 材料由安徽乐农环保有限公司提供。OMC 材料制备方法简要描述如下：将坡缕石原矿仔细研磨过 60 目筛，过筛后的坡缕石用蒸馏水充分清洗去除表面杂质，烘干后 200℃煅烧 2 h 后再次升温至 450℃煅烧 2 h。以鸡粪作为碳源供体，混合改性后坡缕石接种甲基营养型芽孢杆菌（*Methyltrophic bacillus*）等功能菌种堆肥发酵。经过 7～15 d 堆肥发酵后陈化得到 OMC 材料。对坡缕石原矿和 OMC 材料进行 SEM-EDS 表征，结果分别如图 4-1（a）和图 4-1（b）所示。经过发酵和陈化后的坡缕石表面吸附了大量的 C［图 4-1（a）］，因此判断已经形成了以坡缕石为骨架的 OMC，使用 Elliott[130] 提供的矿物结合态 C 定量方法，OMC 材料中有 80%的碳被矿物紧密结合。

OMC 材料中成分复杂，为探究 OMC 材料对重金属的吸附机制，本书使用坡缕石和腐殖酸制备了 OMC 材料模型（OMCM）。使用甲苯回流法在坡缕石表面接枝腐殖酸构建 OMCM[138]，制备方法简述如下：称取 5.00 g 坡缕石加入三口烧瓶中，量取 250 mL 甲苯（C_7H_8），另量取 5.00 g 腐殖酸，置于电热套中加热并采用索氏提取器冷凝回流，加入玻璃珠防止局部过热爆沸。反应 24 h 后将反应体系转移至布氏漏斗中，抽滤，采用二氯甲烷和去离子水反复冲洗 4～5 次，以去除残留。收集滤饼置于真空干燥箱中，恒温 100℃维持 12 h。收集干燥后的滤饼，研磨备用。对 OMCM 材料进行 SEM-EDS 表征，发现 C 被大量吸附在坡缕石表面［图 4-1（d）］，可以判断通过甲苯回流枝接法形成以坡缕石为骨架的 OMCM。

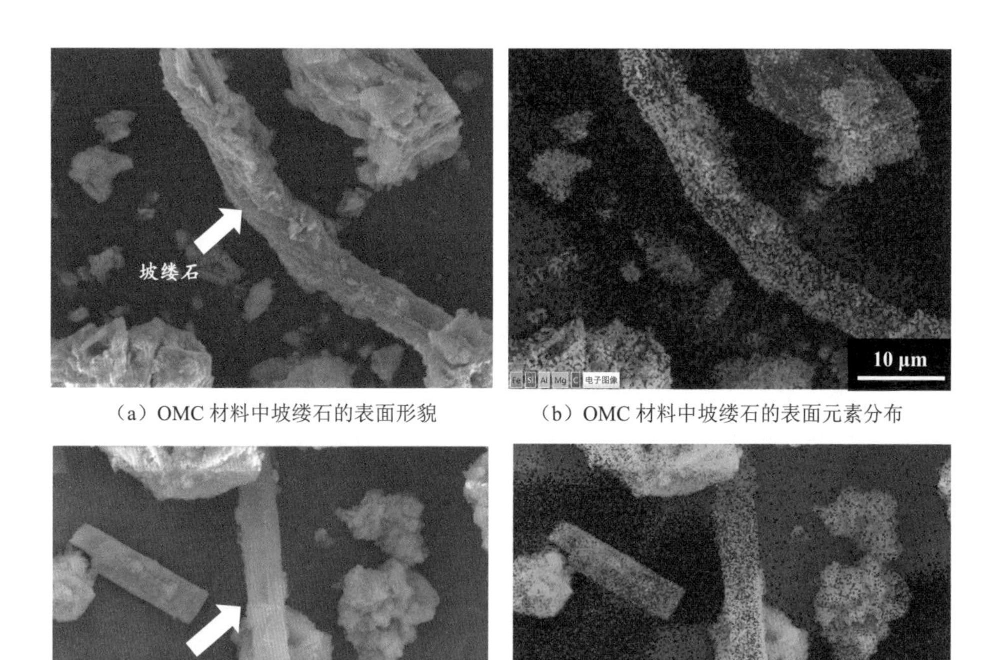

（a）OMC材料中坡缕石的表面形貌　（b）OMC材料中坡缕石的表面元素分布

（c）OMCM材料中坡缕石的表面形貌　（d）OMCM材料中坡缕石的表面元素分布

图4-1　OMC材料和OMCM材料的SEM-EDS表征图像

4.2.2 实验材料与仪器

用于重金属修复实验的土壤采集于辽宁省朝阳市重度污染农田0～20 cm表层（119°41′12″E，42°12′30″N），农田毗邻以冶金电镀为主营业务的公司厂房，长期受到Cd和As污染，总Cd和总As含量分别为5.22 mg/kg和41.35 mg/kg。根据《土壤环境质量　农用地土壤污染风险管控标准（试行）》（GB 15618—2018）的分级标准，该处土壤的污染水平分别超过农田土壤的风险管控值（Cd为4 mg/kg）和风险筛选值（25 mg/kg）。土壤过2 mm尼龙筛后被运输回实验室。土壤pH为7.73，阳离子交换量为159 cmol/kg，总有机质为58.35 g/kg。土壤砂粒、黏粒、粉粒占比分别为22%、42%、36%，其他理化性质如表4-1所示。白菜型油菜生长期短，是中国家庭常见蔬菜，因此选用白菜型油菜作为此部分实验供试植物，并研究植物体内重金属富集情况以判定修复后土壤安全性。

表4-1 用于污染土壤修复实践研究的土壤理化性质

TN/（g/kg）	NO_3^--N/（mg/kg）	NH_4^+-N/（mg/kg）	TP/（g/kg）	AP/（mg/kg）	TK/（g/kg）	AK/（mg/kg）
1.14	124	218	0.68	14.0	11.3	138

注：TN—总氮；NO_3^--N—硝态氮；NH_4^+-N—铵态氮；TP—总磷；AP—有效磷；TK—总钾；AK—有效钾。

本书所用的主要化学试剂如表4-2所示。

表4-2 实验化学品

化学品名称	化学式	CAS号	纯级	生产厂家
硝酸	HNO_3	7697-37-2	分析纯	茂名市雄大化工有限公司
盐酸	HCl	7647-01-0	分析纯	茂名市雄大化工有限公司
硫酸	H_2SO_4	7664-93-9	分析纯	茂名市雄大化工有限公司
氢氟酸	HF	7664-39-3	分析纯	茂名市雄大化工有限公司
冰醋酸	Ac	64-19-7	分析纯	天津光复科技发展有限公司
酒石酸锑钾	$K(SbO)C_4H_4O_6$	11071-15-1	分析纯	天津光复科技发展有限公司
甲苯	C_7H_8	108-88-3	分析纯	默克集团
亚砷酸钠	$NaAsO_2$	17465-86-0	分析纯	默克集团
荧光素二乙酸	$C_{24}H_{16}O_7$	596-09-8	分析纯	上海阿拉丁股份有限公司
苯磷酸二钠	$C_6H_5Na_2O_4P$	3279-54-7	分析纯	上海源叶生物科技有限公司
氢氧化钠	$NaOH$	1310-73-2	分析纯	天津光复科技发展有限公司
六偏磷酸钠	$(NaPO_3)_6$	10124-56-8	分析纯	卓盛环保化工有限公司
氯化镉	$CdCl_2$	10108-64-2	分析纯	上海阿拉丁股份有限公司
砷酸钠	Na_3AsO_4	13464-38-5	分析纯	默克集团
硫代硫酸钠	$Na_2S_2O_3$	7772-98-7	分析纯	天津光复科技发展有限公司
硫酸铜	$CuSO_4$	7758-99-8	分析纯	卓盛环保化工有限公司
氯化镁	$MgCl_2$	7786-30-3	分析纯	卓盛环保化工有限公司

化学品名称	化学式	CAS号	纯级	生产厂家
醋酸钠	NaAc	127-09-3	分析纯	卓盛环保化工有限公司
盐酸羟胺	$NH_2OH \cdot HCl$	5470-11-1	分析纯	天津光复科技发展有限公司
醋酸铵	NH_4Ac	631-61-8	分析纯	卓盛环保化工有限公司
氯化钾	KCL	7447-40-7	分析纯	天津金汇太亚有限公司
次氯酸钠	NaClO	7681-52-9	分析纯	天津金卫尔化工有限公司
氯化钙	$CaCl_2$	10043-52-4	分析纯	天津光复科技发展有限公司
碳酸氢钠	$NaHCO_3$	144-55-8	分析纯	天津博迪化工股份有限公司
硼酸钠	$Na_2B_4O_7$	1330-43-4	分析纯	上海阿拉丁股份有限公司
磷酸二氢钾	KH_2PO_4	7778-77-0	分析纯	卓盛环保化工有限公司
磷酸氢二钠	Na_2HPO_4	7558-79-4	分析纯	卓盛环保化工有限公司
乙酸钠	NaAc	127-09-3	分析纯	天津光复科技发展有限公司
乙醇	CH_3COH	64-17-5	分析纯	天津金卫尔化工有限公司
氯仿	$CHCL_3$	31717-44-9	分析纯	天津金卫尔化工有限公司
甲醇	CH_3OH	67-56-1	分析纯	天津金卫尔化工有限公司
熊果苷	$C_{12}H_{16}O_7$	497-76-7	分析纯	江苏奥福生物科技有限公司
腐殖酸		1415-93-6	分析纯	湖北润德化工有限公司

实验过程中主要使用到的仪器设备如表4-3所示。

表4-3 实验仪器

仪器名称	型号	厂商	产地
电感耦合等离子体原子发射光谱仪	iCAP 7000	ThermoFisher Scientific	美国
X射线衍射仪	Ultima Ⅳ	Rigaku	日本
傅里叶红外光谱仪	Tensor Ⅱ	Bruker	德国
扫描电镜	Gemini 300	Zeiss	德国
PCR仪	9700	ABI GeneAmp	美国
紫外分光光度计	N4S	上海仪电科学仪器公司	中国
高速离心机	KH19A	湖南凯达科学仪器	中国
石墨消解板	DB-1EFS	沧州宇恒环保科技有限公司	中国
纯水机	Milli-Q Academic	Millipore	美国
凝胶自动成像仪	Universal Hood-Ⅱ	Bio-Rad	美国

仪器名称	型号	厂商	产地
水平电泳仪	PS 2A200	Hoefer	荷兰
无油真空泵	HPD-25	天津市恒奥科技发展有限公司	中国
总有机碳分析仪	HTY-DI1000C	河南贝亚生物科技有限公司	中国
pH 计	PHS-3C	上海仪电科学仪器公司	中国

4.2.3 Cd、As 吸附实验

为探究 OMC 材料对 Cd^{2+}的吸附效果，使用 $CdCl_2$（分析纯）和超纯水制备浓度为 20 mg/L 的 Cd^{2+}溶液；为探究 OMC 材料在不同土壤 pH 条件下对 Cd 的吸附效果，调节反应相 pH 分别为 6、7、8，每组实验重复 3 次。吸附实验在聚乙烯塑料试管中进行，反应相由 30 mL $CdCl_2$ 溶液，0.01 mol/L NaCl 和 0.03 g OMC 材料组成，反应温度为 25℃±1℃。吸附实验开始后，将装有反应相的 9 个塑料试管立即置于恒温振荡器中，设置振荡器温度为 25℃，150 r/min。分别在 0 min、5 min、10 min、20 min、30 min、40 min、60 min、90 min 和 120 min 取出对应试管。抽取 5 mL 液体样本通过 0.22 μm 滤膜后储存在 4℃下等待测试。

为探究 OMC 材料对 As^{3+}的吸附效果，使用 $NaAsO_2$（分析纯）和超纯水制备质量浓度为 40 mg/L 的 As^{3+}溶液；为探究 OMC 材料在不同土壤 pH 条件下对 As^{3+}的固定效果，调节反应液 pH 分别为 6、7、8，每组实验重复 3 次。吸附过程、样品采集和保存参照以 Cd^{2+}为目标污染物的吸附实验。

为探究 Cd^{2+}和 As^{3+}的竞争吸附关系，使用 $CdCl_2$（分析纯）和 $NaAsO_2$（分析纯）配制 Cd^{2+}∶As^{3+}浓度比为 1∶1（Cd^{2+} 20 mg/L，As^{3+} 20 mg/L）和 1∶2（Cd^{2+} 20 mg/L，As^{3+} 40 mg/L）的混合溶液，每组实验重复 3 次。吸附过程、样品采集和保存参照以 Cd^{2+}为目标污染物的吸附实验。

吸附剂的吸附量使用式（4-1）计算[7]：

$$q = (C_0 - C_1)V / M \tag{4-1}$$

式中，q 为 t（min）时刻吸附重金属的量，mg/g；C_0 和 C_1 分别为溶液的初始浓度和吸附时间 t（min）后的浓度，mg/L；V 为溶液的体积，L；M 为 OMC 材料的量，mg/g。

（1）Lagergren 准一级动力学模型

Lagergren 准一级动力学方程认为吸附剂上未被占据的吸附位点与吸附速率成正比，表达式为[139, 140]

$$\lg(q_e - q_t) = \lg q_e - \frac{k_1}{2.303}t \tag{4-2}$$

式中，q_e 为平衡吸附量，mg/g；k_1 为准一级吸附速率常数，1/min；q_t 为 t 时刻的吸附量，mg/g；t 为吸附时间，min。

（2）Ho 准二级动力学模型

Ho 准二级动力学方程认为吸附剂上未被占据的吸附位点的平方与吸附速率成正比，表达式为[140]

$$\frac{t}{q_t} = \frac{1}{k_2 q_e^2} + \frac{1}{q_e}t \tag{4-3}$$

式中，q_e 为平衡吸附量，mg/g；k_2 为准二级吸附速率常数，1/min；q_t 为 t 时刻的吸附量，mg/g；t 为吸附时间，min。

（3）Elovich 动力学模型

Elovich 动力学模型认为当吸附及表面吸附量增加时，吸附速率会呈指数型下降，其表达式为[141]

$$q_t = a\ln t + b \tag{4-4}$$

式中，a、b 为吸附速率常数；q_t 为平衡吸附量，mg/g；t 为吸附时间，min。

4.2.4 OMC 材料修复污染土壤实践

根据目前对 Cd 和 As 重金属吸附材料的研究进展，充分考虑吸附材料应用于农田土壤修复的成本，本书从市场上选购了椰壳生物炭重金属固定剂（CB）[142]、羟基磷灰石基重金属固定剂（HAP）[143]、坡缕石基重金属固定剂（PAL）、环糊精改性坡缕石基重金属固定剂（CPAL）、巯基改性坡缕石基重金属固定剂（MPAL）[144]和 OMC 材料作为修复剂，通过对比吸附材料的修复效果验证将 OMC 材料应用于修复 Cd-As 复合污染农业土壤的可行性。称取 500 g 来自辽宁省朝阳市的污染土壤置于塑料花盆中，根据已有实验结果的最优添加量添加修复材料，分别为 CB 5%、HAP 5%、PAL 5%、CPAL 5%、MPAL 1%和 OMC 材料 2.5%。设置 CK 处理为不添加任何修复材料。重金属吸附材料在实验开始时一次性加入土壤中并充分混匀。每个处理 3 次重复，共计使用 3×7=21 个盆进行实验。对土壤进行处理后将所有塑料盆随机摆放于室外，每盆间隔 20 cm 防止交叉污染，保持 60%含水率自然孵育。

育苗前，对白菜型油菜种子进行预处理，将种子在 $NaClO_4$（0.5% *V*/*V*）中浸泡 30 min 以去除种子表皮可能携带的潜在病原体，用蒸馏水冲去种子表面的 $NaClO_4$ 残留。将修复后的土壤重新研磨，将清洗后的菜籽种植于花盆中并将花盆放于室外。花盆相距 20 cm 防止交叉污染并随机摆放，发芽后对油菜进行间苗，保留 3 棵长势一致的幼苗，60 天后采收油菜，将其分为地上和地下部分，杀青烘干至恒重，测定油菜体内 Cd 和 As 富集量。

4.2.5 重金属形态、价态和植物累积的测定方法

电感耦合等离子体光学发射光谱仪（ICP-OES）（iCAP 7000，Thermo Fisher Scientific，美国）用于量化 Cd 和 As；测试过程中每 10 个样品中包含 1 个标准样品以确保测试仪器的稳定性，每个实验重复 3 次。在 $V_{HCl}:V_{HNO_3}=3:1$ 的酸性环境中消解土壤和植物，通过 ICP-OES 分析以获得材料中总镉和总砷含量，该方法对土壤总镉和总砷的回收率为 96.3%～101.2%。使用 Tessier 等（1979）描述的顺序提取程序分析土壤和吸附残留物中的重金属组分，根据 Hu 等描述的分析方法对 As^{5+}进行分析，通过计算总 As 和 As^{5+}的差异来确定 As^{3+}的含量[145]。

4.2.6 自由基淬灭实验

为了鉴别 As^{3+}氧化为 As^{5+}的过程机制，分别使用异丙醇（IPA）、苯醌（BQ）和草酸铵（AO）分别作为羟基自由基（·OH）、超氧自由基（$\cdot O_2^-$）和空位（h^+）的淬灭剂。设置不同淬灭剂浓度分析自由基作用，根据前人参考文献[146]和多次预实验尝试，设置反应相 IPA 浓度分别为 0.5 mmol/L、0.2 mmol/L、0.1 mmol/L，BQ 浓度分别为 0.1 mmol/L、0.3 mmol/L、0.5 mmol/L，AO 浓度分别为 2 mmol/L、6 mmol/L、10 mmol/L，启动反应使反应达到吸附平衡（2 小时）测定反应相中 As^{5+}的浓度。

4.2.7 材料物理化学特性表征方法

材料产生的自由基使用电子自旋顺磁共振波谱仪（EPR，JES-FA200，JEOL Ltd.，日本）测定。

SEM 用于扫描材料表面形貌。本书中使用 SEM（Zeiss Gemini 300，Carl Zeiss AG，德国）并配备 EDS 对 OMC 材料吸附重金属前后进行扫描，可以获得材料表面形貌和元素分布等信息。

FT-IR 用于分析材料表面官能团变化。使用傅里叶红外光谱仪（FTIR-650，天津港东科技发展股份有限公司，中国）分析 OMC 材料吸附重金属前后的官能团变化。使用溴化钾（KBr，光谱纯）作为傅里叶红外测试基质，在 400～4 000 cm^{-1}范围内分析 OMC 材料吸附重金属前后的傅里叶变换红外光谱。

通过分析 XRD 图谱获得材料的成分、内部原子或分子的结构信息。本书中使用 X 射线衍射仪（Ultima IV，Rigaku，日本）在 5°～90°（2°/min）的 2θ 范围内分析 OMC 材料和 OMCM 吸附重金属前后的 X 射线衍射图谱，同时采用 Cu 靶、Kα 射线进行测定。

XPS 采用 X 射线光电子能谱仪（Escalab Xi+，Thermofisher，美国）测量 OMCM 在吸附 Cd 和 As 后原子的内层电子束缚能及其化学位移。测试能为 50 eV，样品室真空度低于 6 Pa，采用 Al Kα 单色光源（1 486.6 eV）。结合能位于 284.4 eV 的 C1s 峰用于对 XPS 图谱数据进行校正。XPS 数据采用 XPS peak 软件（Version 4.1）通过非线性最小二乘法分峰拟合得出。

4.2.8 数据分析和计算方法

实验数据使用 Excel（Version 2016）进行分析，统计分析使用 SPSS（Version 27）进行。使用 GraphPad Prism（Version 8.3.0）用于数据绘图。通过单因素方差分析评估实验数据的组间显著差异。使用 Jade（Version 6）对 XRD 光谱进行分析。使用 Avantage 完成 XPS 峰值拟合。

4.3 研究结果

4.3.1 OMC 材料对 Cd 和 As 的吸附

在不同 pH 条件下，OMC 材料对 Cd 的吸附曲线如图 4-2（a）所示。OMC 材料对 Cd 的吸附量随着 pH 升高而升高，根据式（4-1）对吸附量进行计算，在 pH=6、pH=7 和 pH=8 的条件下，吸附平衡后 OMC 材料对 Cd 的吸附量分别为 10.35 mg/g、11.19 mg/g 和 12.19 mg/g。在不同 pH 条件下 OMC 材料对 As 的吸附曲线如图 4-2（b）所示，与 OMC 材料对 Cd 的吸附情况不同的是，随着 pH 的升高，OMC 材料对 As 的吸附量随之降低，在 pH=6、pH=7 和 pH=8 的条件下，吸附平衡后 OMC 材料对 As 的吸附量分别为 5.07 mg/g、4.72 mg/g 和 3.27 mg/g。

对 OMC 材料吸附 Cd 和 As 的动力学进行了研究，吸附过程对不同动力学模型的拟合结果和模型参数如图 4-2 和表 4-4 所示。Lagergren 准一级动力学方程[式（4-2）] 认为吸附速率与吸附剂上未被占据的吸附位点成正比，Ho 准二级动力学方程［式（4-3）］认为吸附速率与吸附剂上未被占据的吸附位点的平方成正比，Elovich 动力学模型［式（4-4）］认为当吸附剂表面的吸附量增加时，吸附速率会呈指数下降。在 pH=6、pH=7 和 pH=8 的条件下，OMC 材料对 Cd 的吸附曲线更符合准二级动力学模型；类似地，在 pH=6、pH=7 和 pH=8 的条件下，OMC 材料对 As 的吸附曲线也符合准二级动力学模型。准二级动力学的主要影响因子是化学键的形成，因此通过动力学模型拟合可以初步推断 OMC 材料对 Cd 和 As 的吸附过程主要为化学吸附。吸附过程对 Elovich 动力学模型的拟合结果也较好，可见随着 OMC 材料表面 Cd 和 As 吸附量增加，吸附速率会呈指数下降。

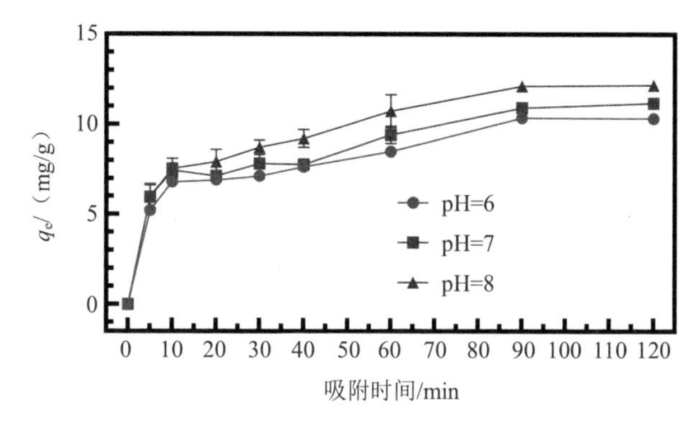

（a）OMC 材料在不同 pH 条件下对 Cd 的吸附曲线

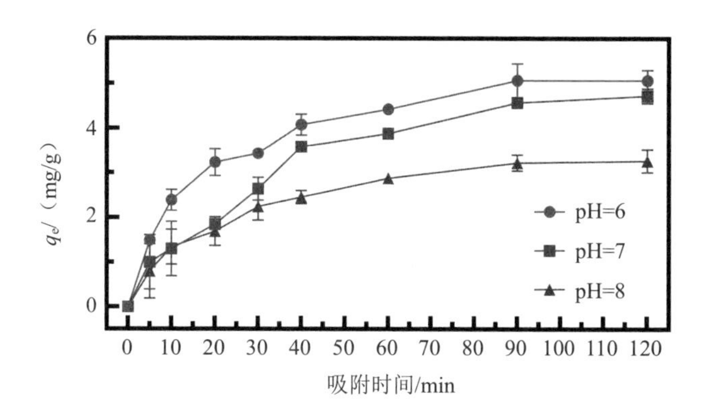

（b）OMC 材料在不同 pH 条件下对 As 的吸附曲线

图 4-2　OMC 材料的吸附性能

注：Mean±sd，n=3。

表 4-4 吸附结果对不同动力学模型的拟合结果和参数

目标离子		Largergren 准一级动力学方程		Ho 准二级动力学方程		Elovich 动力学模型		
		k_1	R^2	k_2	R^2	a	b	R^2
Cd	pH=6	0.052 7	0.897 3	0.010 3	0.984 6	1.945 9	1.070 6	0.939 3
	pH=7	0.027 2	0.864 6	0.010 1	0.983 6	2.034 5	1.234 1	0.918 0
	pH=8	0.040 5	0.927 7	0.007 3	0.984 1	2.397 5	0.699 8	0.967 6
As	pH=6	0.066 3	0.922 1	0.019 3	0.990 4	0.958 0	0.281 4	0.976 9
	pH=7	0.059 0	0.896 3	0.018 4	0.972 7	0.865 4	0.187 8	0.956 1
	pH=8	0.039 6	0.931 6	0.025 6	0.990 8	0.622 6	0.150 1	0.981 6

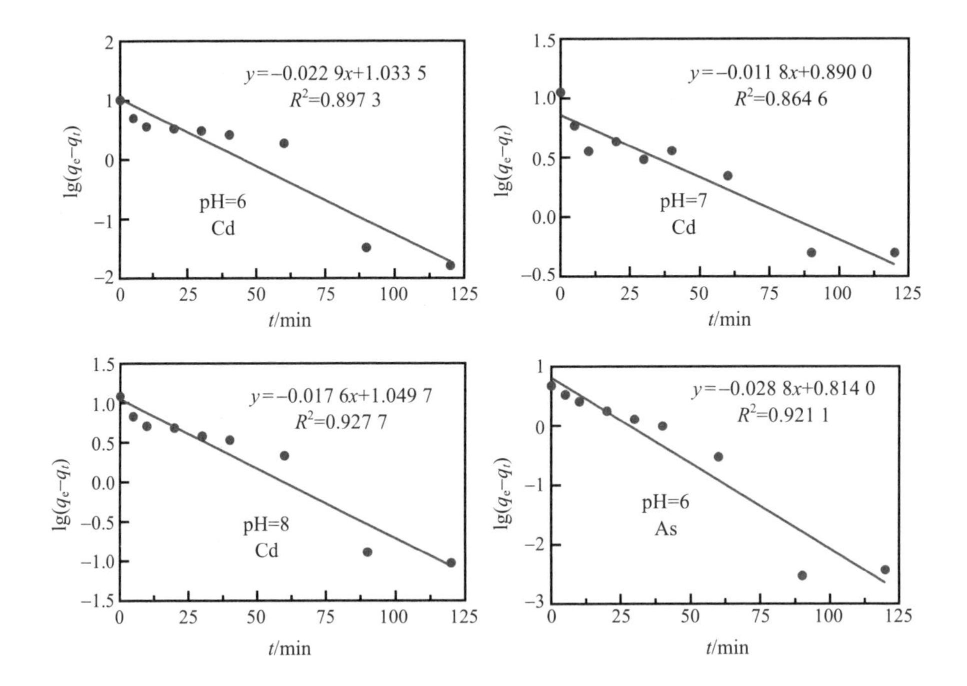

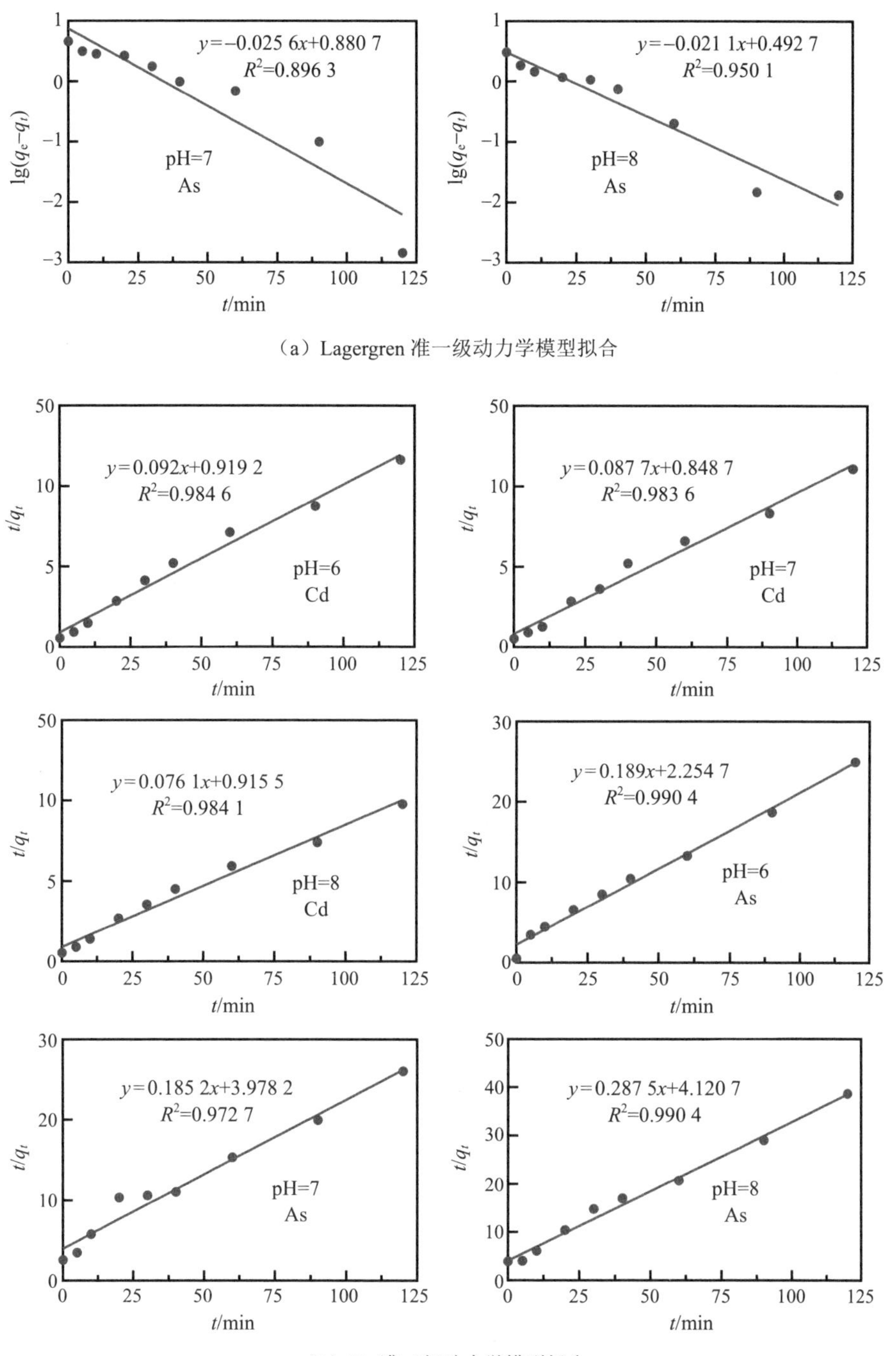

（a）Lagergren 准一级动力学模型拟合

（b）Ho 准二级动力学模型拟合

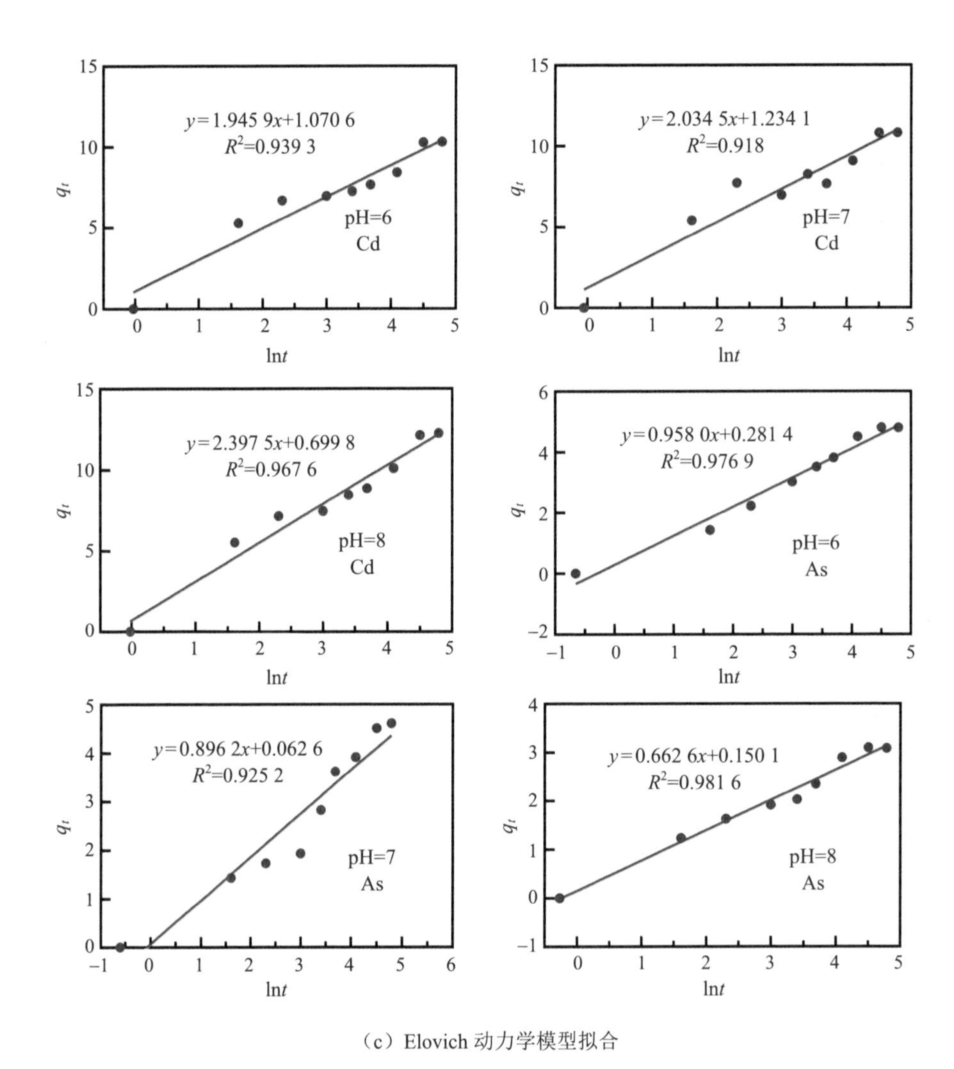

（c）Elovich 动力学模型拟合

图 4-3　动力学模型拟合

4.3.2　Cd、As 的竞争吸附

本书进一步对 OMC 材料在 pH=8 条件下进行了 Cd 和 As 竞争吸附实验，结果如图 4-4 所示。OMC 材料对 Cd 和 As 进行单独吸附的最大吸附量分别为

12.69 mg/g 和 3.27 mg/g，然而在 Cd∶As=1∶1 的条件下，OMC 材料对 Cd 和 As 的最大吸附量为 8.42 mg/g 和 1.01 mg/g，OMC 材料在 Cd-As 共存溶液中的吸附能力显著低于对单一重金属离子的吸附能力（$P<0.05$）。当 As 浓度升高使 Cd∶As 达到 1∶2 时，OMC 材料对 Cd 的吸附能力进一步下降，而对 As 的吸附能力有了一定回升，使对 Cd 和 As 的最大吸附量分别为 7.19 mg/g 和 1.75 mg/g。这些结果证明 Cd 和 As 在 OMC 材料表面存在竞争吸附，OMC 材料对 Cd 的吸附能力要优于 As。

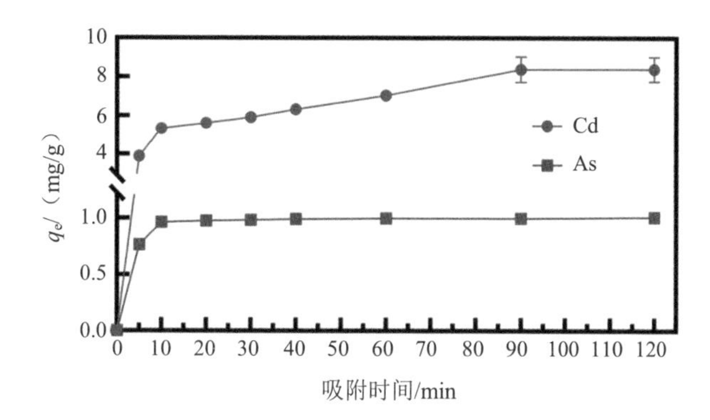

（a）Cd∶As=1∶1 时 OMC 材料对 Cd 和 As 的竞争吸附

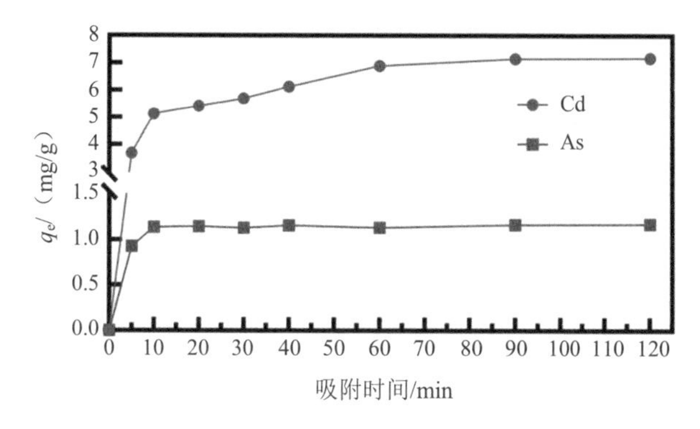

（b）Cd∶As=2∶1 时 OMC 材料对 Cd 和 As 的竞争吸附

图 4-4　OMC 材料的 Cd-As 竞争吸附

注：Mean±sd，n=3。

4.3.3 OMC 材料对 Cd 和 As 的吸附转化机制

4.3.3.1 OMC 材料吸附残渣中 Cd 和 As 组分定量

使用 Tessier 连续提取法对 OMC 材料吸附 Cd 的残渣（OMC-Cd）和吸附 As 的残渣（OMC-As）进行化学定量分析以初步了解吸附方式为机制分析提供参考，结果如图 4-5 所示。在 OMC-Cd 中，可交换态、碳酸盐结合态、铁锰氧化物结合态、有机物和硫化物结合态和残渣态分别占总吸附 Cd 的 1.81%、16.62%、55.24%、17.17%和 7.16%。铁锰氧化物结合态 Cd 在总吸附 Cd 中占的比重最大，因而推断 Fe 等元素可能在 OMC 材料吸附 Cd 的过程中具有重要作用。此外，碳酸盐结合态 Cd 占吸附 Cd 总量的 16.62%，根据其他文献报道，这一吸附过程通常发生在矿物表面[122]。在 OMC-As 中，As 的可交换态、碳酸盐结合态、铁锰氧化物结合态、有机物和硫化物结合态和残渣态分别为总吸附 As 的 9.59%、13.79%、36.20%、20.83%和 19.59%。与 OMC-Cd 中的组分分配相似，铁锰氧化物结合态 As 占比最高而有机结合态 As 和残渣态 As 占比相对较高。可见，铁锰氧化物结合态在吸附总量中所占比例较高，此外，OMC 材料中存在大量有机质，有机结合态的可观比例证明有机物可能在吸附过程中起到了重要作用。

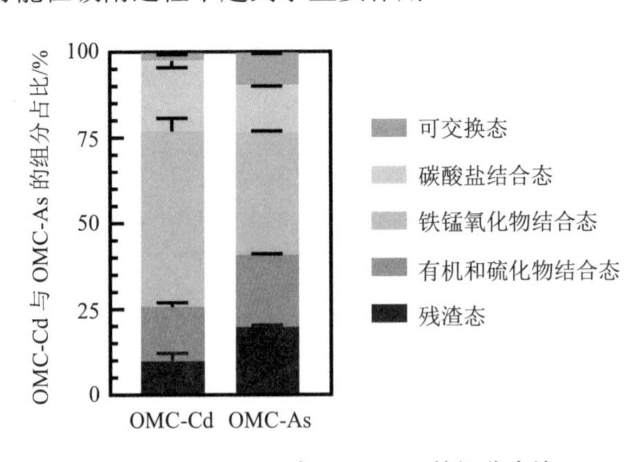

图 4-5 OMC-Cd 与 OMC-As 的组分占比

注：Mean±sd，n=3。

4.3.3.2 OMC 材料对 As^{3+}价态转化及自由基机制

As^{3+}转化为 As^{5+}后毒性降低。OMC 材料对 As^{3+}的转化能力如图 4-6（a）所示，在 40 mg/L As^{3+}环境中，随着 OMC 材料投加量的增加，氧化反应结束时环境中的 As^{5+}含量增加。

为探究 OMC 材料将 As^{3+}氧化为 As^{5+}的作用机理，开展了自由基淬灭实验，结果如图 4-6（b）所示。IPA 是$^{\cdot}OH$ 的淬灭剂，当反应相中存在 IPA 时，OMC 材料将 As^{3+}氧化为 As^{5+}的过程被抑制，随着反应相中 IPA 浓度的升高（0.5 mmol/L、0.2 mmol/L、0.1 mmol/L）As^{5+}的浓度下降，这表明 OMC 材料中产生的$^{\cdot}OH$ 可能是将 As^{3+}氧化为 As^{5+}的重要机理。AO 是 h^+的淬灭剂，淬灭 h^+后，As^{5+}的产生过程被抑制，随着反应相中 AO 浓度的升高（2 mmol/L、6 mmol/L、10 mmol/L）As^{5+}的浓度下降，可见 h^+的存在有利于 As^{3+}转化为 As^{5+}。BQ 是 $O_2^{\cdot-}$ 的淬灭剂，然而与其他自由基淬灭结果不同的是，虽然研究对反应相中的 BQ 浓度进行了调节（0.1 mmol/L、0.3 mmol/L、0.5 mmol/L），但是 As^{5+}生成浓度始终高于 CK。这项研究使用不同溶度 BQ 直接氧化 As^{3+}，发现随着 BQ 浓度的升高［0.5 mmol/L、1 mmol/L、3 mmol/L、5 mmol/L，图 4-6（c）］，As^{5+}浓度也随之升高（4.37±0.02 mg/L、6.68±0.42 mg/L、6.79±0.51 mg/L、7.53±0.23 mg/L），这证明 BQ 本身即具有将 As^{3+}氧化为 As^{5+}的能力，在淬灭实验中 BQ 的加入可能在淬灭 $O_2^{\cdot-}$ 的同时也将 As^{3+}氧化为 As^{5+}，因此在淬灭过程中展现出随着 BQ 浓度的升高，最终反应相中 As^{5+}的浓度也随之增高。

为进一步验证自由基的种类，采用 EPR 测试了 OMC 材料。使用 EPR 技术成功捕获到了 h^+［图 4-6（d）］，根据 EPR 的物理常数 g=2.003 值判断其归因于 π 态 C 原子芳环中的未配对电子[147, 148]，然而 EPR 测试并没有捕获到$^{\cdot}OH$ 和 $O_2^{\cdot-}$。因此可以确定的是 OMC 材料产生的 h^+可能是导致 As^{3+}氧化的影响因素。

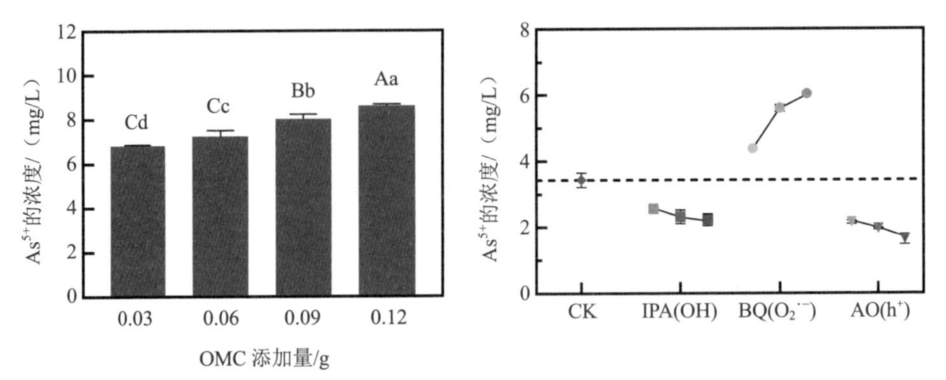

（a）OMC 材料量与 As^{5+}氧化量的关系　（b）不同淬灭剂添加后反应平衡时反应相中 As^{5+}的浓度

注：节点的颜色越深表示该淬灭剂在反应相中的浓度越高。

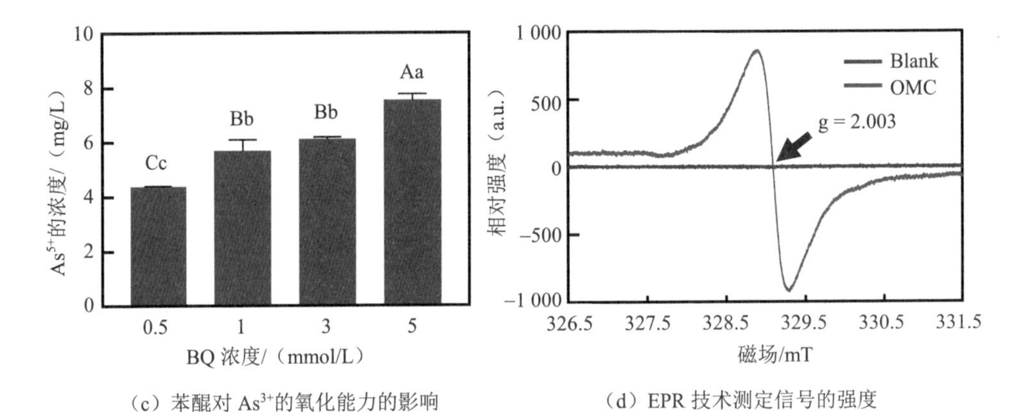

（c）苯醌对 As^{3+}的氧化能力的影响　（d）EPR 技术测定信号的强度

注：不同的字母表示各组之间的统计学差异（单因素方差分析检验）；小写字母代表 5%的显著性水平，而大写字母代表 1%的显著性水平；Mean±sd，n=3。

图 4-6　OMC 材料对 As^{3+}的氧化能力和机制

4.3.3.3　OMC 材料吸附 Cd 和 As 后的表面形貌及元素组成变化

OMC 材料吸附 Cd 和 As 后，坡缕石表面形貌变化如图 4-7 所示。前文研究结果（图 4-5）证明了铁锰氧化物结合态是 OMC 材料吸附 Cd 和 As 的主要组分，铁锰氧化物结合态的形成过程多发生在矿物表面。OMC 材料以坡缕石（棒状结构）为骨架构建，因此在 SEM 的研究中主要关注了坡缕石表面形态的变化。

在未吸附重金属时，坡缕石呈长约 40 μm 且表面较为光滑的棒状结构［图 4-7（a)］。OMC 材料中坡缕石在吸附了 Cd、As 和 Cd-As 后的表面形貌变化分别如图 4-7（b）～（d）所示。吸附重金属后的坡缕石表面结构崩塌［图 4-7（b）～（d)］。

（a）OMC 材料中坡缕石的表面形貌

（b）OMC 材料中坡缕石吸附 Cd 后的形貌

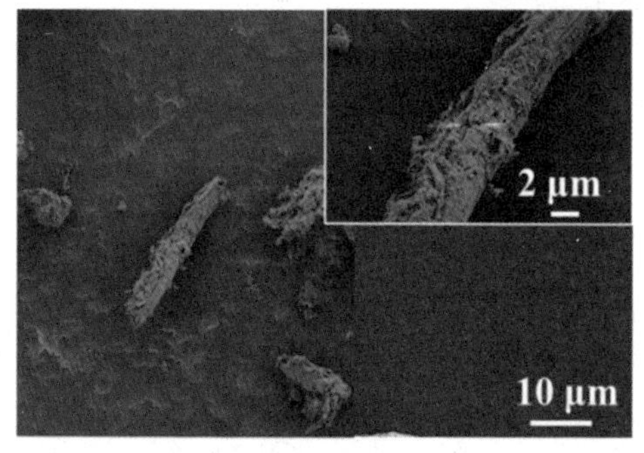

（c）OMC 材料中坡缕石吸附 As 后的形貌

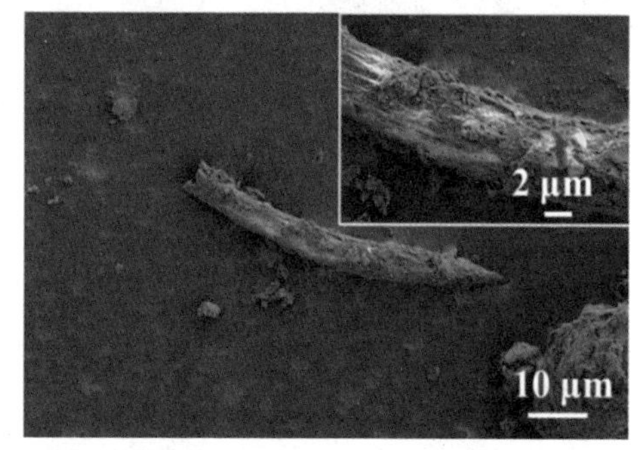

（d）OMC 材料中坡缕石吸附 Cd-As 后的形貌

图 4-7　OMC 中坡缕石材料吸附残渣 SEM 图像

使用 EDS 对 OMC 材料中的坡缕石表面微区元素组成种类进行分析，结果如图 4-8 所示。在未吸附重金属的 OMC 材料中［图 4-8（c)］，C 与坡缕石柱状轮廓呈显著相关分布，这说明 C 和矿物紧密结合，是典型的 OMC 结构。由于 Si、Al 是坡缕石的组成元素，因此 Si 和 Al 与坡缕石形貌轮廓呈相关分布；而 OMC 材料中 Fe 分布和坡缕石形貌轮廓的相关性不明显。

在 OMC-Cd［图 4-8（d）～（f)］和 OMC-As［图 4-8（g）～（i)］中，Al、C 和坡缕石柱状轮廓呈显著相关分布，与原始 OMC 材料的结果一致；值得注意的是，OMC-Cd 和 OMC-As 中 Fe 与 Cd 和坡缕石柱状结构也呈显著相关分布，然而在 OMC 材料中，Fe 分布与坡缕石轮廓的相关性并不强［图 4-8（c）］，这证明 OMC 材料在吸附 Cd 和 As 的过程中 Fe 元素被重新分布，因此推测 Fe 可能参与到 Cd 和 As 的固定过程中。通过 OMC 材料对 Cd-As 吸附残渣（OMC-CdAs）的 EDS 图像所得结论进一步验证了在 OMC-Cd 和 OMC-As 的 EDS 中所得的结论，即 Fe、Cd 和 As 的元素分布呈现相关性，Fe 可能参与到吸附固定 Cd 和 As 的过程中，与前文对吸附残渣的化学定量相关结论（铁锰氧化物结合态重金属为吸附重金属的主要成分）一致。

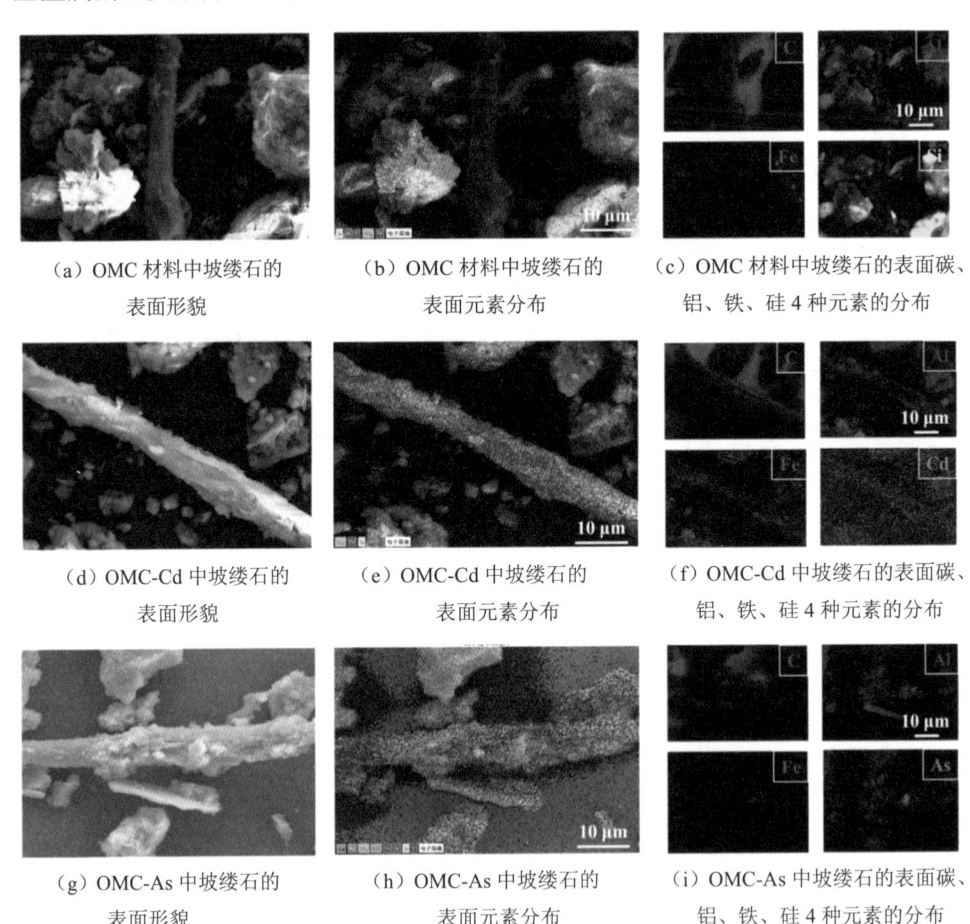

（a）OMC 材料中坡缕石的表面形貌
（b）OMC 材料中坡缕石的表面元素分布
（c）OMC 材料中坡缕石的表面碳、铝、铁、硅 4 种元素的分布
（d）OMC-Cd 中坡缕石的表面形貌
（e）OMC-Cd 中坡缕石的表面元素分布
（f）OMC-Cd 中坡缕石的表面碳、铝、铁、硅 4 种元素的分布
（g）OMC-As 中坡缕石的表面形貌
（h）OMC-As 中坡缕石的表面元素分布
（i）OMC-As 中坡缕石的表面碳、铝、铁、硅 4 种元素的分布

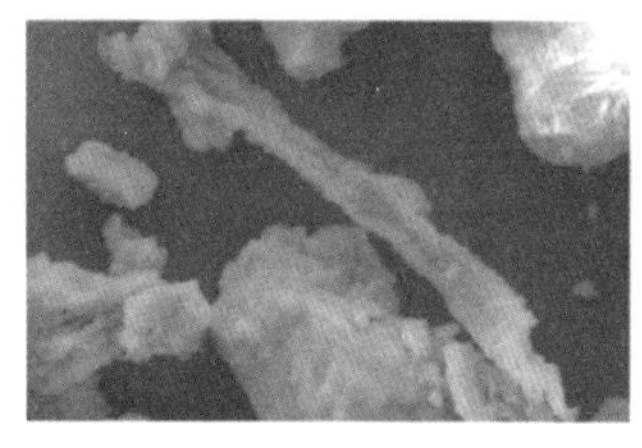

（j）OMC-CdAs 中坡缕石的表面形貌

（k）OMC-CdAs 中坡缕石的表面元素分布

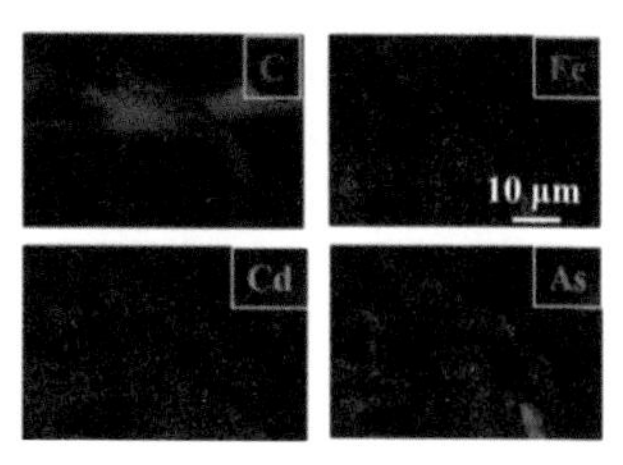

（l）OMC-CdAs 中坡缕石的表面碳、铝、铁、硅 4 种元素的分布

图 4-8　OMC 材料吸附 Cd、As 后表面元素组成变化

4.3.3.4　OMC 材料表面官能团对 Cd 和 As 的吸附作用

为探究 OMC 材料体系中官能团在 Cd 和 As 吸附过程中的作用，使用 FT-IR 技术对吸附残渣中的表面物种进行分析，结果如图 4-9 所示。总体来讲，FT-IR 图谱变化不明显，吸附过程中没有新的官能团生成，这与残渣化学定量分析中有机结合态重金属含量较低的结果相互佐证。这项研究进一步详细分析了吸附残渣的表面物种，根据参考文献所提供的峰位置与基团对应关系[149, 150]，碳酸根（CO_3^{2-}，1 385 cm^{-1}）、酰胺的伸缩振动（—NH，1 540 cm^{-1}）、羧基的 C═O 伸缩振动（—COOH，1 600 cm^{-1}）、苯甲醛的 C═O 伸缩振动（Ar—CHO，1 682 cm^{-1}）和羟基（—OH，3 753 cm^{-1}）在吸附 Cd 或 As 前后发生了较显著的变化。

OMC 材料吸附 Cd 后，羟基（3 753 cm^{-1}）和苯甲醛（1 682 cm^{-1}）的峰高显著降低，这证明这些有机官能团可能和 Cd 产生络合反应导致官能团响应降低。而在碳酸根沉淀（1 385 cm^{-1}）处的吸收峰增强，这说明 OMC 材料吸附 Cd 后 Cd 可能以 $CdCO_3$ 的形式存在于 OMC 材料表面。OMC 材料吸附 As 后，苯甲醛（1 682 cm^{-1}）、羟基（3 753 cm^{-1}）的峰强度显著下降，这证明这些有机官能团可能参与到 As 吸附过程中；羧基的 C═O 伸缩振动（1 600 cm^{-1}）和酰胺的伸缩振动（1 540 cm^{-1}）显著增强；碳酸根沉淀处的吸收峰无显著变化，这证明碳酸盐沉淀不是 OMC 材料吸附 As 的主要机制，这一结果与 OMC-As 的分析结果（碳酸盐结合态 As 占比较少，仅为 13.79%）一致。OMC 材料吸附 Cd-As 后，苯甲醛（Ar—CHO）和酰胺（—NH）的振动峰与其他三条图谱明显不同，前文的吸附实验中发现 Cd 和 As 对 OMC 材料存在竞争吸附，因此推断苯甲醛（Ar—CHO）的 C═O 和酰胺基可能是 Cd 和 As 竞争吸附的关键。

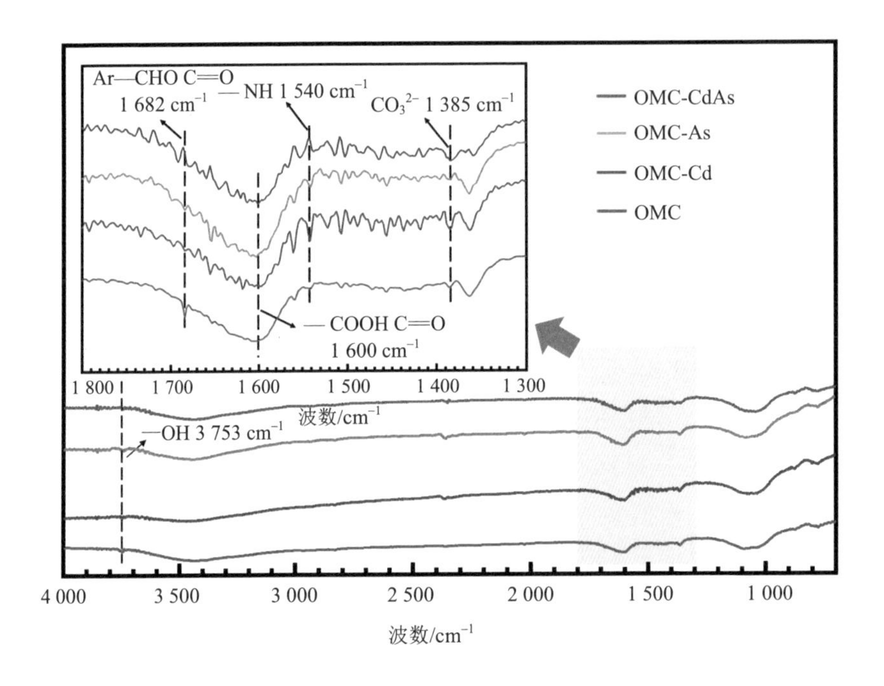

图 4-9 OMC 材料吸附残渣的 FT-IR 谱图

4.3.3.5 吸附前后的坡缕石晶体结构变化

XRD 用于对矿物晶格变化进行表征，由于 OMC 材料中坡缕石含量较低，使用 OMC 材料进行 XRD 的表征结果较差（图 4-10），吸附前后的 XRD 图谱变化较小。前文结论得出坡缕石在吸附重金属过程中是主要作用机制，因此这项研究使用改性坡缕石构建了 OMCM 并使用 XRD 表征 OMCM 以探索吸附机制，XRD 图谱如图 4-11（a）所示。XRD 图谱显示 OMCM 的主体是坡缕石，这与实际情况相符。使用 OMCM 吸附 Cd、As 和 Cd-As 后 Fe_3O_4（17.8°、25.4°和 36.8°）的峰增强，而 Fe_2O_3（40.2°和 39.5°）的峰减弱，这说明 Fe_2O_3 可能转化为 Fe_3O_4。Fe_3O_4 包含 Fe^{2+}和 Fe^{3+}，这证明可能有 Fe^{3+}得电子转化为 Fe^{2+}，这一推论在 XPS 分析中得到了进一步的验证。

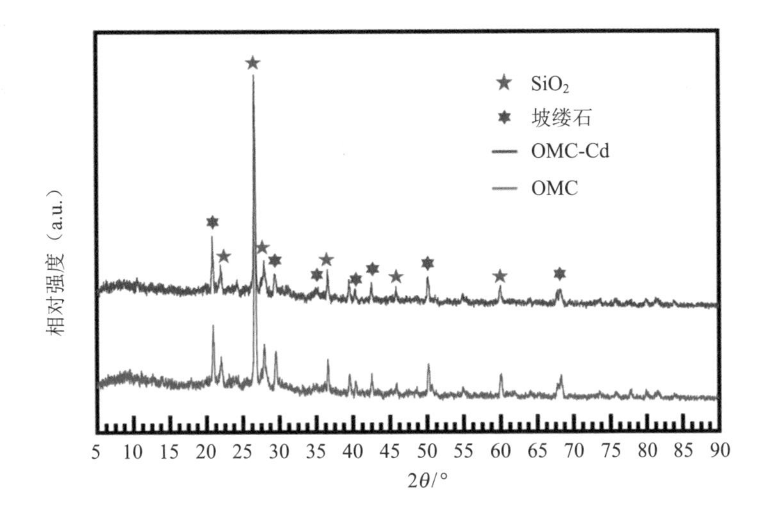

图 4-10　OMC 材料吸附 Cd 前后的 XRD 谱图

OMCM 吸附 Cd 的残渣中（OMCM-Cd）新出现了归属 $CdCO_3$（62.3°）和 $CdFe_2O_4$（60.0°）的峰。在对 OMC-Cd 的化学定量分析中发现碳酸盐结合态 Cd 的含量大约占总 Cd 含量的 16.62%，这证明 OMCM 可以将 Cd 转化为 $CdCO_3$ 以固定 Cd 的迁移。而在使用铁基生物炭吸附 Cd 的实验中，在 Fe 的参与下，Cd 同样通过形成 $CdFe_2O_4$ 从而被固定于纳米零价铁改性后的生物炭表面[7]，因此可以判断在 Fe 参与下 Cd^{2+}被转化为 $CdFe_2O_4$ 吸附于坡缕石表面。

OMCM 吸附 As 的残渣中（OMCM-As）新出现了归属 As_2O_5 的峰（59.0°）。本书使用 $NaAsO_2$ 作为 As 元素供体进行吸附试验，然而 As_2O_5 中的砷为正五价，因此有一部分 As^{3+}被氧化为 As^{5+}，其可能与使用 OMC 材料氧化 As^{3+}的研究中的机制相似。除此之外，在 XRD 测试中检测到归属 As_2O_3 的特征峰（32.8°），虽然

27.7°处的峰可能归属 As_2O_3、坡缕石和 Fe_3O_4，但 OMCM-As 于 27.7°处的峰形较为尖锐，明显与 OMCM、OMCM-Cd 和 OMCM 吸附 Cd-As 残渣（OMCM-CdAs）处的峰形不同，因此判断 OMCM-As 于 27.7°处的峰可能归属 As_2O_3。在 31.2°和 58.0°处出现归属 $FeAsO_4$ 的特征衍射峰。综上，使用 OMCM 吸附 As 后，As 可能以 $FeAsO_4$、As_2O_3 和 As_2O_5 的形态吸附于坡缕石表面。

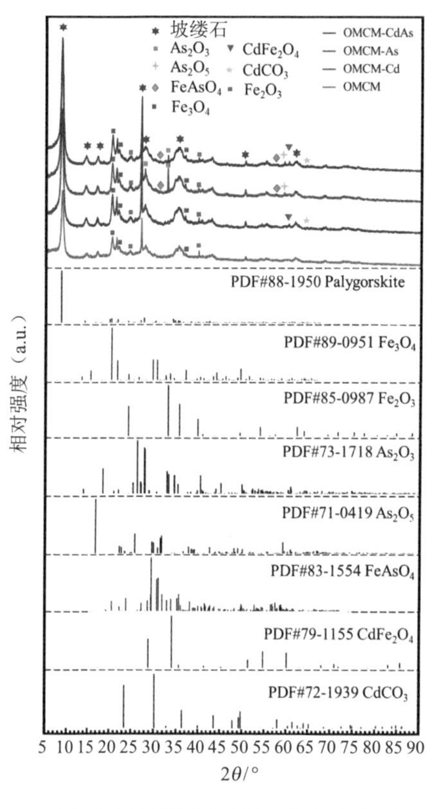

（a）OMCM 吸附重金属后的 XRD 谱图

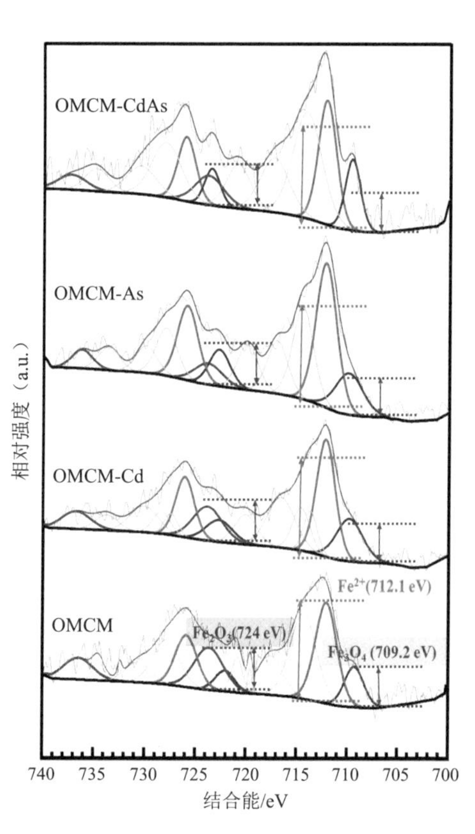

（b）OMCM 吸附重金属后的 Fe 2p XPS 谱图

图 4-11　OMCM 吸附重金属后 XRD 和 Fe 2p XPS 图谱变化

OMCM-CdAs 的 XRD 图谱如图 4-11（a）中紫色谱线所示，谱线变化规律与吸附单种重金属的变化规律基本相同，新出现了归属 $FeAsO_4$（31.2°和 58.0°）、

$CdFe_2O_4$（60.0°）、$CdCO_3$（62.3°）、As_2O_5（59.0°）和 As_2O_3 的特征峰（32.8°），且没有归属其他的新峰出现，可见虽然 OMC 材料对 Cd、As 存在竞争吸附，这一竞争过程可能是由官能团和环境中的 Fe 含量所控制的，Cd、As 同时存在并不能改变吸附后所生成的产物。

4.3.3.6 铁物种价态变化与电子转移

图 4-11（b）表示 OMCM、OMCM-Cd、OMCM-As 和 OMCM-CdAs 的 Fe 2p 光电谱线。709.2 eV、712.1 eV 和 724 eV 处的峰分别归属 Fe_3O_4、Fe^{2+}和 Fe_2O_3，其中 718 eV 处归属 Fe^{2+}的卫星峰。XPS 的峰面积可以半定量材料中的物质的量，OMCM 吸附 Cd 后，Fe_2O_3（709.2 eV）的量有所下降，而 OMCM 吸附 As 和 Cd-As 后，Fe_2O_3（724 eV）的量明显降低，这意味着 Fe^{3+}含量可能降低，而 Fe_3O_4（724 eV）的量明显上升，明显上升的 Fe^{2+}（712.1 eV）含量与 Fe_3O_4（724 eV）上升的结果相一致。XPS 所表征的 Fe_2O_3 和 Fe_3O_4 间的盈亏关系与 XRD 的表征结果一致，即 Fe 物种参与的电子转移可能是导致 As 价态转化的关键因素，关于 Fe 参与 OMCM 转化 As 的机制将在后文讨论。

4.3.4 不同修复剂对 Cd-As 复合污染土壤修复实践

4.3.4.1 不同修复剂对土壤中 Cd 和 As 组分转化的影响

为探究 OMC 材料在土壤中对 Cd 和 As 组分的转化和迁移阻控效果，这项研究使用 OMC 材料作为修复剂并与 5 种商业修复剂进行对比。根据推荐使用量向 Cd-As 老化污染土壤中添加修复剂并孵育培养 30 天，几种修复剂对 Cd 和 As 转化的影响分别如图 4-12（a）和图 4-12（b）所示。

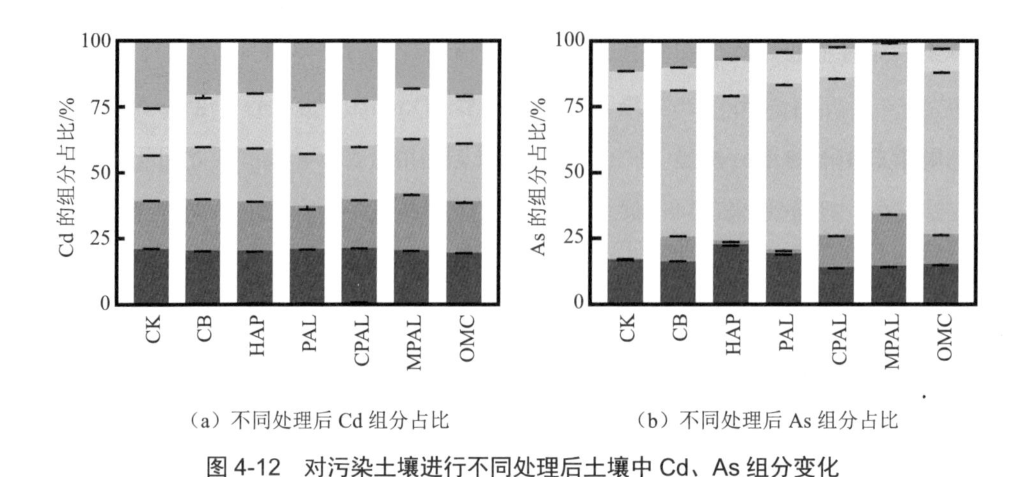

（a）不同处理后 Cd 组分占比　　（b）不同处理后 As 组分占比

图 4-12　对污染土壤进行不同处理后土壤中 Cd、As 组分变化

注：柱状图从上到下分别表示可交换态、碳酸盐结合态、铁锰氧化物结合态、有机和硫化物结合态和残渣态重金属的比例。Mean±sd，n=3。

对老化污染土壤施加不同修复剂并孵育培养 30 天后，所有处理中的可交换态 Cd 相对 CK 处理都显著下降（$P<0.05$），其中 MPAL、OMC、CB 和 HAP 的效果较好，可交换态 Cd 分别降低了 28.96%、21.59%、21.81%和 21.85%。除 OMC 和 CPAL 处理外，其他处理显著提高了土壤中碳酸盐结合态 Cd 的含量（$P<0.05$），HAP、CB、PAL、MPAL 分别为 18.03%、11.06%、7.37%和 6.29%。各处理后土壤中铁锰氧化物结合态 Cd 的含量显著上升（$P<0.05$），其中 OMC 材料处理最高为 22.72%，MPAL、CPAL、PAL、HAP 和 BC 处理后铁锰氧化物结合态 Cd 含量分别上升了 17.62%、16.87%、14.60%、14.47%和 12.40%。MPAL 处理显著提升了土壤中 18.36%的有机质和硫化物结合态 Cd（$P<0.05$），OMC 材料和 CB 处理后土壤中有机质和硫化物结合态 Cd 的含量也分别显著提升了 7.53%和 76.59%（$P<0.05$）。各处理后残渣态 Cd 的土壤质量分数没有显著变化。

各处理显著降低了土壤中有效态 As 的量，其中 MPAL 处理对有效态 As 的转化能力最高，孵育 30 天后有效态 As 比例由 11.76%降至 1.40%，而土壤中有机物和硫化物结合态 As 和铁锰氧化物结合态 As 的含量分别从 0.40%和 56.94%上升至

20.00%和61.24%；有研究指出，As^{3+}和巯基具有亲和力[151, 152]，因此巯基改性坡缕石为主要材料的修复剂（MPAL处理）对有效态As的阻控能力显著并趋向于将有效态As转化为有机结合态As。PAL、CPAL和OMC处理后有效态As的比例都降至5%以下。OMC处理后，有机物和硫化物结合态As和铁锰氧化物结合态As分别上升了10.98%和4.96%，其他组分变化不显著（$P>0.05$），可见OMC材料对As的吸附可能主要归结于和Fe物种的结合和有机质吸附，与4.3节吸附实验得出的结论相一致。

4.3.4.2 白菜型油菜对Cd和As富集

在修复后的土壤中种植油菜，并在第30天和第60天选择生长最差的个体进行拍照记录［图4-13（a）］。在未修复的CK土壤中，油菜生长不良，这可能是由于土壤中Cd和As的共同毒性。油菜在CB、HAP和OMC处理中比其他处理生长得更好，HAP是一种较好的磷源，可以促进油菜的快速生长；大量报道指出，在土壤中添加CB也可以促进作物生长；OMC材料对作物生长的促进机制在后续研究中将会被详述。

为判定修复剂对农田污染土壤的修复效果，对白菜型油菜体中Cd和As的富集情况进行研究以探索修复后农田土壤安全性，结果如图4-13（b）所示。白菜型油菜的地上部分污染物富集量低于地下部分。根据现行国家标准《食品安全国家标准——食品中污染物限量》（GB 2762—2022）的规定，叶类蔬菜中Cd和As含量分别不得超过0.2 mg/kg和0.5 mg/kg。在未修复的CK土壤中种植白菜型油菜会导致油菜体内Cd超标，经过修复后，所有处理均达到了食品安全标准，其中HAP、MPAL和OMC处理的效果较好。虽然白菜型油菜富集As的能力不明显，但是经过OMC材料和MPAL修复后的土壤依然可以减少白菜型油菜对As的富集。综合各种土壤重金属固定材料对Cd/As的固定结果，OMC材料和不同种商业修复剂对Cd和As的固定效果依次为MPAL≈OMC＞CB＞CPAL≈HAP＞PAL。

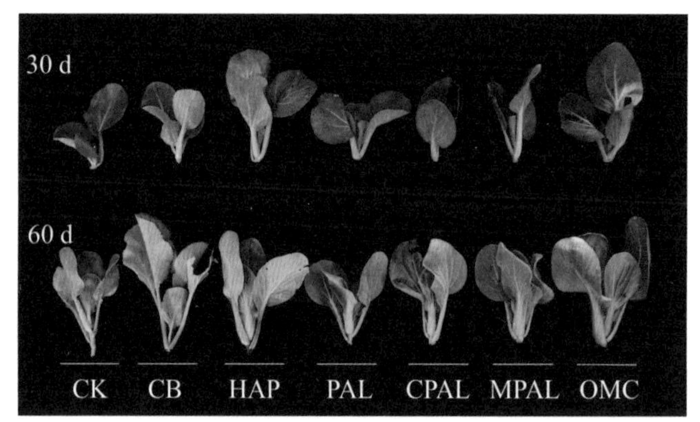

（a）油菜在第 30 天和第 60 天的生长状态

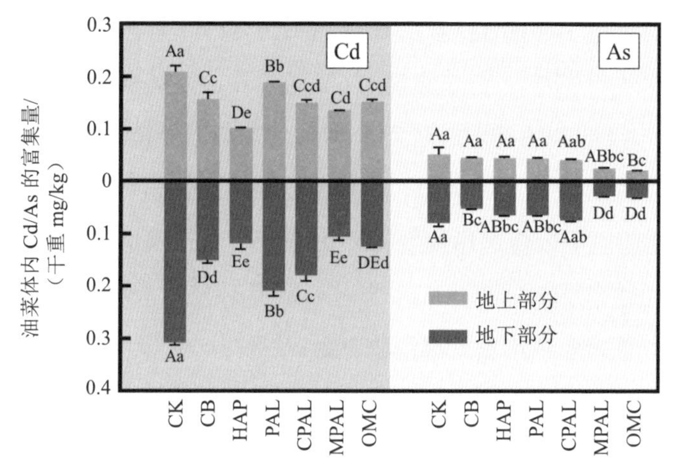

（b）土壤修复后油菜重金属富集的差异（干重）

图 4-13　不同处理后油菜的生长特征和植株体内污染物含量

注：不同的字母表示各组之间的统计学差异（单因素方差分析检验）；小写字母代表 5%的显著性水平，而大写字母代表 1%的显著性水平；Mean±sd，n=3。

4.4 讨论

4.4.1 OMC 模型建立的合理性

在OMC材料的吸附残渣中铁锰氧化物结合态Cd和As分别占吸附量的55.20%和36.20%（图4-5），且在土壤修复实践中铁锰氧化物结合态重金属占比也显著上升（图4-12），由此可以推断，在重金属的迁移转化过程中，OMC材料中的改性坡缕石发挥了主要作用。虽然本书尝试了对OMC材料和OMC材料吸附重金属后的残渣进行XRD分析（图4-10），但OMC材料吸附重金属前后的XRD图谱变化较小，仅在8.9°和13.8°处出现波动，虽然这些特征峰归属于$CdFe_2O_4$，但波动较小不能完全确定产生了$CdFe_2O_4$物种，原因可能在于OMC材料体系中坡缕石等矿物成分较少，因此直接对OMC材料吸附后的残渣进行X射线类表征结果不理想。为通过对改性坡缕石晶体结构的变化分析OMC材料对Cd和As的吸附机制，本书使用改性坡缕石（和OMC材料中坡缕石的改性方法相同）和腐殖酸通过甲苯回流法在坡缕石表面接枝腐殖酸构建了OMCM，甲苯回流枝接法是实验室构建OMC材料的常用化学方法，已有多项研究使用这种方法构建了OMC材料[138, 144]。

使用XRD表征OMCM-Cd发现，OMCM吸附Cd后可能产生了$CdFe_2O_4$，这与OMC材料的XRD图谱和XRD-EDS图谱得出的结论相互佐证；OMCM吸附Cd后由$CdCO_3$产生，这与对OMC-Cd的FT-IR和化学定量分析数据相一致；使用OMCM吸附Cd和As后对吸附残渣进行化学定量分析，OMCM和OMC材料中吸附的重金属组分类似，组分排序为铁锰氧化物结合态＞有机物和硫化物结合态≈碳酸盐结合态（图4-5、图4-14）；对OMC材料进行SEM-EDS分析证明Fe参与的坡缕石表面吸附是导致重金属吸附的重要机制，同时在OMCM的XPS分析中，也反映了Fe介导的电子转移机制。上述证据说明基于OMCM的表征结果可以很好地解释OMC材料对Cd和As吸附的深层机制，因此，OMCM的构建是合理的，并且可以基本反映 OMC 材料中坡缕石所代表的 Cd 吸附机制，因此在 OMC 材料吸附机理的讨论中，结合了 OMCM 所反映的吸附机制。

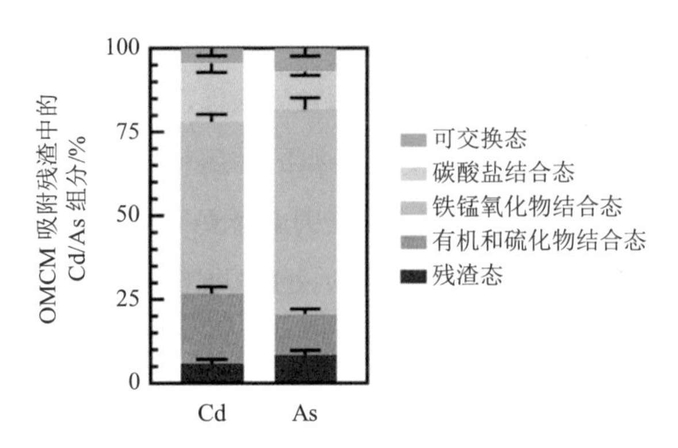

图 4-14 OMCM 中 Cd 和 As 中不同组分占比

注：Mean±sd，n=3。

4.4.2 OMC 材料对 Cd 和 As 的吸附/转化机理

为探究 OMC 材料对 Cd 的吸附机制，本书首先使用 OMC 材料对 Cd^{2+}建立了一项吸附实验。在 pH=6、pH=7、pH=8 的条件下，OMC 材料对 Cd 的吸附过程符合吸附动力学符合准二级动力学方程，可见 OMC 材料对 Cd^{2+}的吸附过程属于化学吸附。本书进一步使用化学方法定量了 OMC-Cd 中 Cd 的形态，被 OMC 材料吸附的 Cd 中有 16.62%的吸附 Cd 以碳酸盐结合态存在，有 55.24%的吸附 Cd 以铁锰氧化物结合态存在，有 17.17%的吸附 Cd 以有机质和硫化物结合态存在，这一结果进一步说明了 OMC 材料对 Cd 吸附的多样性。

本书对吸附 Cd 前后的 OMC 材料进行了 FT-IR 表征，结果发现羟基（3 753 cm^{-1}）、醛基（604 cm^{-1}）和苯甲醛（1 682 cm^{-1}）的峰高显著降低，这些证据表明有机官能团可能和 Cd 产生络合反应导致官能团响应降低。而在碳酸根沉淀（1 385 cm^{-1}）处的吸收峰增强，这说明 OMC 材料吸附 Cd 后 Cd 可能以 $CdCO_3$的形式存在 OMC 材料表面，这与 OMCM-Cd 的 XRD 图谱中发现归属 $CdCO_3$的特征峰和在对 OMC-Cd 进行化学定量研究中发现有 16.62%的碳酸盐结合态 Cd 的结果相一致。SEM-EDS 分析表明，在 OMC 原始材料中 Fe 元素分布与坡缕石形貌没有显著关联，而在 OMC 材料吸附 Cd 后，Fe 元素被重新分布并与 Cd 元素和坡缕石形貌呈明显相关，这证明环境中的 Fe 元素参与到坡缕石表面吸附 Cd 的过程中。在进一步的 OMCM-Cd（OMCM 构建的合理性已经在前文讨论）的 XRD 图谱中新出现了归属 $CdFe_2O_4$ 的特征峰，结合被 OMC 材料吸附的 Cd 中有 55.24%铁锰氧化物结合态存在的定量分析结果，我们可以推断 OMC 材料体系中的 Fe 可以在坡缕石表面与 Cd 反应生成 $CdFe_2O_4$ 从而参与 Cd 的固定。综上，OMC 材料吸附 Cd 的机制较复杂，其机制在于 OMC 材料中的坡缕石通过在表面捕获 Cd^{2+} 和 Fe^{3+} 形成 $CdFe_2O_4$ 以及促进 Cd^{2+} 形成 $CdCO_3$，OMC 材料中的羟基（3 753 cm^{-1}）、醛基（604 cm^{-1}）和苯甲醛（1 682 cm^{-1}）等有机官能团也对 Cd^{2+} 的吸附产生了显著促进作用。

为探究 OMC 材料对 As 的吸附机制，在水环境中使用 OMC 材料对 As^{3+}（在本书中为 AsO_2^-）进行了吸附实验。OMC 材料对 As 的吸附曲线与对 Cd 的吸附类似，OMC 材料对 As 的吸附动力学符合准二级动力学方程，因此可以推断 OMC 材料对 As 的吸附属于化学吸附。本书进一步对 OMC 材料吸附 As 的残渣进行化学定量分析，结果证明 As 在 OMC 材料上主要以铁锰氧化物结合态（占吸附 As 总量的 36.20%）及有机物和硫化物结合态（占吸附 As 总量的 20.83%）存在。在对吸附残渣的 FT-IR 表征结果中，OMC 材料吸附 As 后苯甲醛（1 682 cm^{-1}）和羟基（3 753 cm^{-1}）官能团的强度显著下降，这证明这些有机官能团可能参与到 As 吸附过程中，且这些官能团所吸附的 As 可能是有机物和硫化物结合态 As 的主要组成部分。在 OMC-As 和 OMC-CdAs 的 SEM-EDS 图像中，吸附 As 后 Fe 元素被重新分布在坡缕石表面，可见 OMC 材料体系中的 Fe 物种参与到 OMC 材料吸附 As 的过程中，这些被吸附的 As 可能组成了铁锰氧化物结合态 As。由于 OMC 材料体系中过于复杂且坡缕石含量较少，难以对 OMC 材料体系中的坡缕石进行 XPS 和 XRD 表征并进一步探索坡缕石所发挥的固 As 机制，因此本研究构建了一个

OMC 材料模型，即 OMCM，继续探索 OMC 材料中坡缕石对 As 的迁移转化机制。对 OMCM-As 进行 XRD 分析表明，使用 OMCM 吸附 As 后，As 可能以 $FeAsO_4$、As_2O_3 和 As_2O_5 的形态吸附于坡缕石表面。

As^{3+}毒性较强，将 As^{3+}转化为 As^{5+}有利于降低重金属毒性。自由基淬灭实验结合 EPR 测试结果显示，OMC 材料体系中存在碳空位，其具有很强的得电子能力[153]，这些自由基可以将 As^{3+}氧化为 As^{5+}。这项研究继续使用 OMCM 作为 OMC 材料模型探究电子转移机制，XPS 分析证明，Fe 物种组成和价态在吸附 As 前后都发生了明显的变化，其中，OMCM 吸附 As^{3+}后，Fe_2O_3 即 Fe^{3+}的含量下降，相反 Fe_3O_4 的含量上升，与 XRD 表征结果一致。Fe_3O_4 中包含一个 Fe^{2+}和两个 Fe^{3+}，因此推断 OMCM 表面的 Fe^{2+}含量上升，这在对 Fe^{2+}的 XPS 结果中得到了验证（712.1 eV 处的峰面积明显增大）。因此，我们根据 OMC 材料和 OMCM 所反映的 OMC 材料吸附转化 As^{3+}的机制为，OMC 材料中的碳空位和 Fe^{3+}可能转移或捕获 AsO_4^{3-}离子中的电子，从而生成了 AsO_4^{3-}和 Fe^{2+}，AsO_4^{3-}再与环境中剩余的 Fe^{3+}结合，从而在 OMC 材料体系中的坡缕石表面产生 $FeAsO_4$ 沉淀。OMC 材料对 Cd^{2+}、As^{3+}的吸附转化机制如图 4-15 所示。

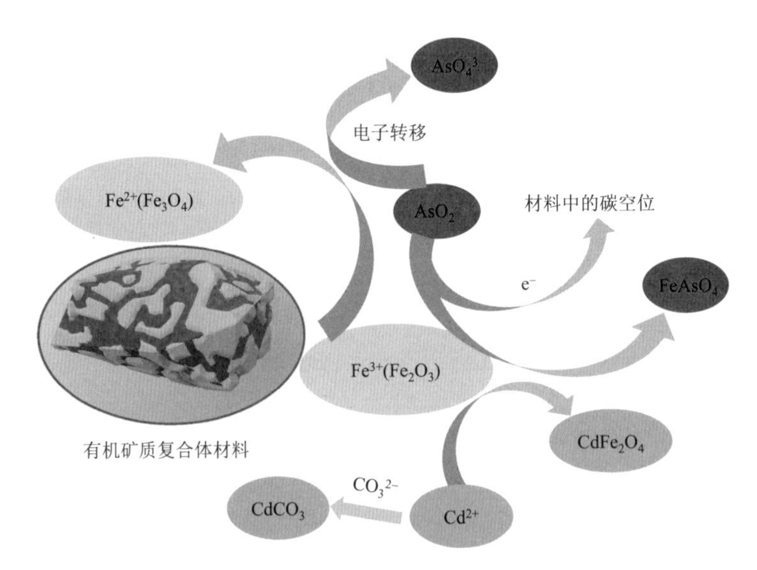

图 4-15　Fe 物种参与下 OMC 材料体系对 Cd^{2+}、As^{3+}的吸附转化机制

4.4.3 OMC 材料作为修复剂的应用可行性

据农业农村部调查显示，我国受 Cd 和 As 污染的耕地总面积约为 3.38×10^5 km^2，占耕地总面积的 25%[154]。土壤中 Cd 以阳离子形式存在，而 As 主要以含氧阴离子形式存在，因此由于两种元素的化学性质不同，迁移能力受到土壤 pH、氧化还原电位等多种土壤因素影响，同时修复 Cd-As 复合污染土壤存在较大困难。目前虽然已经开发出多种 Cd、As 修复剂（表 1-2），一些吸附剂对 Cd 和 As 的吸附能力可以达到数百毫克/克，然而这些吸附剂的成本较高，不适合应用于大面积的农田污染土壤修复，目前适用于农田 Cd-As 复合污染土壤的修复剂仍然较少。本书对 OMC 材料对 Cd 和 As 的吸附能力进行了研究，OMC 材料对 Cd 和 As 的吸附能力分别达到 12.19 mg/g 和 5.07 mg/g，OMC 材料的吸附能力与大多数生物炭吸附剂的吸附能力类似（表 1-2）。

在土壤环境中 OMC 材料可能通过 Fe 介导的化学吸附将 Cd 和 As 转化为铁锰氧化物结合态，是土壤中较为稳定的重金属结合形态。在未修复的土壤中种植白菜型油菜发现油菜体内 Cd 含量超过国家食品安全标准，而在 OMC 材料修复后的土壤中种植的油菜体内的 Cd、As 含量都显著下降并达到国家食品安全标准。OMC 材料的应用成本较低，是可行策略之一。

4.5 小结

农业土壤中的 Cd-As 复合污染对粮食安全构成挑战。虽然已经证明 OMC 材料能够在稳定的介质中吸附重金属，但使用 OMC 材料同时稳定土壤中 Cd 和 As 的实践以及机制尚不清楚，基于这一“瓶颈”问题，这项研究使用 OMC 材料进行了两个独立但相互关联的实验。OMC 材料对 Cd 和 As 的吸附为化学吸附。在坡缕石表面，Cd^{2+}通过形成 $CdCO_3$ 和 $CdFe_2O_4$，AsO_2^-通过形成 $FeAsO_4$、As_2O_3 和 As_2O_5 实现吸附固定。OMC 材料中羟基、醛基和苯甲醛等有机官能团可能参与

Cd 和 As 的吸附。π 态 C 原子芳环中的未配对电子和 Fe 物种的电子转移介导了 As^{3+}向 As^{5+}的转化。研究进一步使用 OMC 材料与 5 种商业修复剂进行实际修复对比实验，结果表明 OMC 材料处理可以将土壤中的生物有效态 Cd、As 转化为铁锰氧化物结合态 Cd、As 以实现稳固重金属的效果。在被修复的土壤中种植白菜型油菜可以显著降低白菜型油菜对 Cd、As 的积累。相对其他修复剂，使用 OMC 材料作为修复剂具有显著的成本优势，可实现“边修复、边生产”应用前景较大。

第 5 章

OMC 材料对作物生长及根际生态的影响

5.1 引言

化肥滥用和持续耕作导致农田生态系统面临微生物多样性下降[62]、土壤有机碳丧失和氮磷元素循环失衡[66]等复杂问题。恢复农田 SOM 被认为有利于重建土壤生态、提高土壤生产力并优化重要营养元素的地球化学循环[155]；尽管对农业土壤进行为期数十年的常规土壤碳管理策略，一些特殊地区的土壤碳水平仍然很难恢复[70]。这一生态难题的“瓶颈”可能在于：经过长期生态选择后的微生物群落功能趋于稳定，难以找到有效的方法调节退化土壤微生物功能以实现最佳营养循环[156, 157]。

已有研究证明天然 OMC 有助于持久储存有机物，并调节 N、P 等重要元素生物地球化学循环[107]。天然 OMC 成分组成研究中通常可以检出氨基糖、氨基酸和多酚等低分子量有机碳[117, 118]。最近的研究表明，OMC 中的低分子量有机碳可以被植物根系分泌物激活并释放到根际环境中[110]。这些低分子量有机碳可以作为微生物和植物生命活动的碳源，更重要的是，它们可以成为生物信号分子[120, 121]，以调节生命活动。尽管上述证据链表明 OMC 具有调节根际生命活动的潜力，但目前没有直接证据证明 OMC 可以调节植物和微生物的生命活动。

甘蓝型油菜是典型的油料作物，在中国被广泛种植[158]。甘蓝型油菜具有较大的生物量和发达的根系，因此经常被用作供试植物以获得充足的根际土壤样本和直观的植物形态学信息[29]。本书以甘蓝型油菜为供试植物，通过向土壤中添加人工 OMC 材料进行盆栽试验，然后对根际土壤样品进行 16S rRNA 测序和鸟枪宏基因组测序来检测根际细菌群落组成和功能变化，其研究目的在于：①调查在整个生命周期中作物对 OMC 材料的生长响应；②评估 OMC 材料对作物根际微生物群落组成的调节作用；③揭示 OMC 材料对根际微生物群落功能的影响。本书首次提供了外加 OMC 材料调节生物体活动的实验证据，相关数据和结论可作为使用 OMC 材料促进农业生产的研究基础。

5.2 材料与方法

5.2.1 OMC 材料对植物根际环境影响的盆栽实验

土壤中污染物可能对植物生长造成一系列影响，严重干扰微生物根际系统，因此，为使研究结论对生产实际更具理论指导意义，本书选取了洁净土壤用于探究 OMC 材料对植物根际的环境影响。甘蓝型油菜是我国重要的油料作物，其生物量较大，可以直观获得作物形态信息，发达的根系可以获得更多的根际土以供测试，因此甘蓝型油菜是环境生态学科常见的供试植物。本书选取天津当地广泛种植的甘蓝型油菜——秦油 10 号作为供试植物。本章实验土壤采集自位于天津市津南区的天津大学北洋园校区农业苗圃 0～20 cm 表层（117°19'0.28" E，39°0'22.65" N），土壤过 2 mm 尼龙筛后被运输回实验室。土壤 pH、阳离子交换量和总有机质含量分别为 7.82、170 cmol/kg 和 42.6 g/kg，土壤砂粒、黏粒、粉粒占比分别为 9%、41%、50%，其他土壤理化性质如表 5-1 所示。

表 5-1 用于 OMC 材料对根际环境影响研究的原始土壤理化性质

材料	TN/（g/kg）	NO_3^--N/（mg/kg）	NH_4^+-N/（mg/kg）	TP/（g/kg）	AP/（mg/kg）	TK/（g/kg）	AK/（mg/kg）
OMC	1.03	123	104	0.81	19.2	16.8	171

注：TN—总氮；NO_3^--N—硝态氮；NH_4^+-N—铵态氮；TP—总磷；AP—有效磷；TK—总钾；AK—有效钾。

来自天津大学北洋园校区农用苗圃的土壤用于探究 OMC 材料对植物根际环境的影响。实验使用内径 25 cm、内高 20 cm 的塑料花盆，每盆中装有土壤 10 kg。为了平衡 C、N、P 3 种植物生长主要元素，并且结合当地农业组织推荐的肥料用量，本书设计了两个施肥处理：我国和多个国际农业组织推荐的施肥方式（Prevalent Fertilization，PF）：每盆含有 5 g 复合肥和 15 g 鸡粪堆肥；OMC 材料处理：每盆中含有 25 g OMC 材料。在盆栽实验开始时，所有材料一次性添加到土壤中并充分混匀。复合肥、鸡粪和 OMC 材料中 C、N、P 3 种主要元素和添加材料后土壤中营养物质含量如表 5-2 所示。

表 5-2　材料化学元素含量及处理后土壤基本理化性质

项目	材料			土壤		
	复合肥	鸡粪堆肥	OMC	原始土壤	PF 处理	OMC 材料处理
有机碳/（g/kg）	—	500	295	43.9	44.65	44.64
总磷/（g/kg）	185	70.0	78.7	0.81	1.01	1.01
总氮/（g/kg）	180	50.8	59.3	1.03	1.20	1.18
黏粒/%	—	—	—	41.36	41.95	41.25
粉粒/%	—	—	—	49.88	49.05	49.43
砂粒/%	—	—	—	8.76	9.00	8.91
容重/（g/cm^3）	—	—	—	1.38	1.36	1.37

注：—表示未检出。

本书选择甘蓝型油菜作为植物实验材料。根据当地甘蓝型油菜种植习惯，甘蓝型油菜 10 月开始播种。育苗前，甘蓝型油菜种子在 $NaClO_4$（0.5% *V*/*V*）中浸泡 30 min 以去除种子表皮可能携带的潜在病原体，用蒸馏水冲去种子表面的 $NaClO_4$ 残留，随后将种子置于 30℃的人工气候箱中催芽。挑选长势一致的两株甘蓝型油菜幼苗移植到花盆中，然后将花盆转移到自动控制的人工温室中。温室条件如下：光照强度为 300～320 μmol/（$m^2 \cdot s$）；昼夜温度分别为 28℃、16℃；光照周期为 12 h/12 h；相对湿度为 60%[159]，定时浇水使植物正常生长。实验共计使用 6 个花盆和 12 株甘蓝型油菜。随机布置所有的花盆并每周重新排列一次。

240 天后收割甘蓝型油菜。根际土被定义为距离植物根表面小于 2 mm 的土壤，在去除大部分非根际土壤后，首先手动仔细摇动植物以收获松散根际土壤，然后使用无菌刮刀收集附着在植物根上的土壤[160]。每盆两株甘蓝型油菜的根际土壤被充分混匀后分成 3 份，第一份在干冰条件下送至生物实验室进行 DNA 提取和高通量测序，第二份用于土壤酶活性测试，第三份风干后用于土壤理化指标测试。将甘蓝型油菜植株洗净表面泥土后用实验纸擦干，分成根、茎、叶三部分测量鲜重，获取植物形态学数据后置于烘箱，45℃条件下烘干至恒重，获取植物干重数据。

5.2.2 土壤理化性质测定方法

土壤理化性质主要参考郑必昭[161]和李振高等[162]提供的方法。

称取风干土样 5 g，加入无 CO_2 蒸馏水 12.5 mL，使用磁力搅拌器搅拌 1 min 使土粒充分分散，静置 30 min 后使用 pH 计测定土壤 pH。使用凯氏定氮仪测定土壤总氮。将 0.5 g 土壤消解后使用 ICP-OES 测定总磷。使用马弗炉在 600℃条件下灼烧 7 h 测定失重以确定 SOC 含量。

使用氯仿熏蒸法测定土壤微生物量碳。称取新鲜土壤 10 g 放入 25 mL 小烧杯，将烧杯放入真空干燥器中，并放置盛有 15 mL 无乙醇氯仿（$CHCl_3$）的烧杯，烧杯内放入少量防爆沸玻璃珠，同时放入一个盛有氢氧化钠（NaOH）溶液的小烧杯，以吸收氯仿熏蒸过程中释放的 CO_2，氯仿沸腾 5 min 后关闭真空干燥器阀门，于 25℃黑暗条件下培养 24 h。吸取培养液注入自动总有机碳分析仪进行分析。

使用浸提-靛酚蓝比色法测定土壤铵态氮。称取 5 g 土壤样品放入塑料瓶中，加入 2 mol/L 氯化钾（KCl）提取液 50 mL，于 25℃ 180 r/min 条件下振荡 30 min，过滤于 50 mL 三角瓶中。吸取滤液 10 mL 置于 50 mL 容量瓶中，用 2 mol/L KCl 溶液补足至 30 mL，依次加入复配酚溶液 5 mL 和次氯酸钠（NaClO）碱性溶液 5 mL 摇匀，室温条件下放置 1 h 后加入 1 mL 掩蔽剂后用水定容，在 625 nm 波长处比色，测定吸收值。设置无土和无基质对照。标准曲线使用不同梯度浓度的含铵标准液重复上述步骤标定。

使用紫外分光光度法测定土壤硝态氮。称取 5 g 土壤样品放入塑料瓶中，加入 0.01 mol/L 氯化钙（$CaCl_2$）提取液 50 mL，于 25℃条件下以 180 r/min 振荡 30 min，过滤于 50 mL 三角瓶中并定容。吸取 25 mL 滤液，加入 1 mL 硫酸溶液，分别在 210 nm 和 275 nm 处测定吸光度，计算待测液中硝态氮浓度。设置无土和无基质对照。标准曲线使用不同梯度浓度的含硝态氮标准液重复上述步骤标定。

使用碳酸氢钠显色法测定土壤有效磷。称取 1 g 土壤样品置于 150 mL 塑料瓶中，加入 0.5 mol/L 氯化钙（$CaCl_2$）提取液 50 mL，于 25℃条件下以 180 r/min 振荡 30 min，过滤。吸取 10 mL 滤液放入 50 mL 三角烧瓶中，加入 5 mL 钼锑抗显色剂，慢慢摇动使 CO_2 逸出。再加水 10 mL，室温放置 30 min 显色。设置无土和无基质对照。标准曲线使用不同梯度浓度的含磷标准液重复上述步骤标定。

5.2.3 土壤酶活性测定方法

土壤酶活性测试主要参考关松荫[163]和李振高等[162]提供的测定方法，土壤酶的主要功能和测试方法简述如下。

土壤纤维素酶使用硝基水杨酸比色法测定。土壤纤维素酶的主要作用是将纤维素分解为纤维二糖，是碳素循环过程的重要酶。将 3 g 土壤置于 50 mL 三角瓶中，添加 20 mL 1%羟甲基纤维素溶液、5 mL pH=5.5 磷酸盐缓冲液及 1.5 mL 甲苯（C_7H_8）。将三角瓶放在 37℃恒温箱中培养 72 h，使用滤纸过滤培养液。吸取 1 mL 滤液，加入 3 mL 3,5-二硝基水杨酸溶液，置于沸水浴 5 min 显色稳定后，稀释至 50 mL 在波长 540 nm 处比色测定。设置无土和无基质对照。使用葡萄糖（$C_6H_{12}O_6$）标准液按照上述步骤制定标准曲线。纤维素酶的一个活力单位（Active Unit，A.U.）为 50 g 土壤分解纤维素 72 h 后所产生的葡萄糖毫克数。

土壤转化酶使用 3,5-二硝基水杨酸比色法测定。转化酶有助于增加土壤中易溶性营养物质，可以表征土壤生物学活性强度和微生物数量。称取 3 g 风干土，置于 50 mL 三角瓶中，注入 15 mL 8%蔗糖（$C_{12}H_{22}O_{11}$）溶液、5 mL pH=5.5 的磷酸缓冲液和 1.5 mL 甲苯（C_7H_8）。摇匀混合物后在培养箱中 37℃条件下培养 24 h，培养结束后使用滤纸过滤培养液。吸取 1 mL 滤液，加入 3 mL 3,5-二硝基水杨酸溶液，置于沸水浴 5 min 显色稳定后，稀释至 50 mL 后在波长 540 nm 处比色测定。设置无土和无基质对照。标准曲线标定方式与纤维素酶一致。转化酶的 A.U. 为在 20 g 土壤中分解蔗糖 24 h 产生的葡萄糖的毫克数。

β-葡萄糖苷酶活性使用碱性铜试剂滴定法测定。*β*-葡萄糖苷酶能够限制微生物将纤维素分解为葡萄糖，是碳素循环中的重要酶。称取 5 g 土壤置于 50 mL 三角瓶中，加入 0.5 mL 甲苯（C_7H_8）、15 mL 磷酸缓冲液（pH=6.2）和 5 mL 10%熊果苷（$C_{12}H_{16}O_7$）溶液摇匀，在 37℃恒温培养箱中培养 24 h。培养结束后，定容至 50 mL，使用致密滤纸过滤，取 5 mL 滤液，使用碱性铜试剂滴定。设置无土和无基质对照。标准曲线使用不同梯度浓度的含葡萄糖（$C_6H_{12}O_6$）标准液标定。β 葡糖苷酶的 A.U. 为 24 h 后在 100 g 土壤中分解熊果苷产生的还原糖的毫克数。

荧光素二乙酸酯酶使用比色法测定。土壤中广泛存在荧光素二乙酸酯，其主要来源为土壤微生物细胞和植物残体，荧光素二乙酸酯酶用于评价土壤微生物的整体活性。称取 2 g 新鲜土壤样品置于 50 mL 三角瓶中，加入 1 mL 甲苯（C_7H_8）、0.2 mL 1 000 μg/mL 荧光素二乙酸（$C_{24}H_{16}O_7$）储备液和 15 mL 磷酸二氢钾（KH_2PO_4）缓冲液（pH=6.7），在 30℃恒温振荡培养箱中 200 r/min 培养 20 min。培养结束后，立即加入 15 mL 氯仿/甲醇混合液终止反应，盖上瓶塞，充分摇匀后置于离心管中 2 000 r/min 离心 3 min，抽取上清液于 490 nm 处比色。设置无土和无基质对照。标准曲线使用含有梯度浓度的荧光素（$C_{20}H_{12}O_8$）标准液标定。荧光素二乙酸酯酶的 A.U. 为 2 g 土壤中 20 min 后所产生的荧光素的微克数。

碱性磷酸酶使用比色法测定。碱性磷酸酶能在碱性环境中酶促有机磷化合物水解，是磷循环过程中的重要土壤酶。称取 5 g 风干土样置于 100 mL 三角瓶中，加入 1.5 mL 甲苯（C_7H_8）、10 mL 苯磷酸二钠（$C_6H_5Na_2O_4P$）溶液和 10 mL 硼酸盐缓冲液（pH=9.6），在 37℃恒温培养箱中培养 3 h。培养结束后使用 38℃蒸馏水稀释至 100 mL，充分振荡，过滤。滤液稀释 25 倍后加入 1 mL Gibbs 试剂，显色 20 min 后在 578 nm 处比色。设置无土和无基质对照。标准曲线使用梯度浓度的含苯酚标准液标定。碱性磷酸酶的 A.U. 为每 100 g 土壤的酚毫克数。

土壤脲酶使用比色法测定。土壤脲酶可以将土壤中尿素分解为铵，是氮循环中的重要酶。将 1 g 土壤置于 50 mL 三角瓶中，加入 1 mL 甲苯（C_7H_8）、5 mL 10%尿素［$CO(NH_2)_2$］和 10 mL 柠檬酸盐缓冲液（pH=6.7），在 37℃恒温培养箱中培养 24 h。培养结束后使用 38℃蒸馏水稀释至 50 mL，充分振荡，过滤。抽取滤液 5～50 mL 放入容量瓶中并用蒸馏水稀释至 10 mL，加入 4 mL 复配苯酚钠溶液充分振荡后立即加入 3 mL 次氯酸钠（NaClO）溶液继续振荡，20 min 后将混合物稀释至刻度，在波长 578 nm 处测定吸光值。设置无土和无基质对照。标准曲线使用梯度含 NH_4^+标准液标定。脲酶的 A.U. 为每 1 g 土壤每 1 h 分解尿素产生的 NH_4^+毫克数。

5.2.4 DNA 提取、PCR 扩增和 Illumina Miseq 测序

利用土壤 DNA 提取试剂盒（E.Z.N.A.® Soil DNA Kit，Omega Bio-tek，美国）提取土壤 DNA。完成基因组 DNA 抽提后，利用微型荧光针（TBS-380，北京原平皓生物技术有限公司，中国）检测 DNA 浓度，利用微量紫外分光光度计（NanoDrop200，北京科育兴业科技，中国）检测 DNA 纯度，利用 1%琼脂糖凝胶电泳检测 DNA 完整性。使用 338F（5′-ACTCCTACGGGAGGCAGCAG-3′）和 806R（5′-GGACTACHVGGGTWTCTAAT-3′）对 16S rRNA 基因的 V3～V4 可变区进行 PCR 扩增，扩增程序如下：95℃ 预变性 3 min，27 个循环（95℃ 变性 30 s，55℃ 退火 30 s，72℃ 延伸 30 s），然后 72℃ 稳定延伸 10 min，最后在 4℃进行保存。PCR 反应体系为 *TransStart FastPfu* 缓冲液 4 μL，2.5 mmol/L dNTPs 2 μL，上游引物 0.8 μL，下游引物 0.8 μL，*TransStart FastPfu* DNA 聚合酶 0.4 μL，模板 DNA 10 ng，超纯水补足至 20 μL。每个样本 3 次重复。

将同一样本的 PCR 产物混合后使用 2%琼脂糖凝胶回收 PCR 产物，利用 DNA 凝胶回收试剂盒（AxyPrep DNA Gel Extraction Kit，Axygen Biosciences，美国）进行 DNA 回收和产物纯化，2%琼脂糖凝胶电泳检测，并用荧光计（Promega，美国）对回收产物进行检测定量。使用 DNA 快速建库试剂盒（NEXTflexTM Rapid DNA-Seq Kit，Bioo Scientific，美国）进行建库：

（1）接头连接；

（2）使用磁珠筛选去除接头自连片段；

（3）利用 PCR 扩增进行文库模板的富集；

（4）磁珠回收 PCR 产物得到最终的文库。

利用基因测序平台（Miseq PE300，Illumina，美国）测序。原始数据上传至 NCBI SRA 数据库（序列号为 SRP 322981）。

使用 Fastp 软件（Version 0.20.0）对原始测序序列进行质控[164]，使用 FLASH 软件（Version 1.2.7）进行拼接[165]：

（1）过滤 reads 尾部质量值 20 以下的碱基，设置 50 个碱基（bp）的窗口，如果窗口内的平均质量值低于 20，从窗口开始截去后端碱基，过滤质控后 50 bp 以下的 reads，去除含 N 碱基的 reads；

（2）根据 PE reads 之间的 overlap 关系，将成对 reads 拼接成一条序列，最小 overlap 长度为 10 bp；

（3）拼接序列的 overlap 区允许的最大错配比率为 0.2，筛选不符合序列；

（4）根据序列首尾两端的 barcode 和引物区分样品，并调整序列方向，barcode 允许的错配数为 0，最大引物错配数为 2。

使用 UPARSE 软件（Version 7.1），根据 97%的相似度对序列进行 OTU 聚类并剔除嵌合体[166, 167]。利用 RDP classifier 软件（Version 2.2）对每条序列进行物种分类注释，比对 Silva 16S rRNA 数据库（Version 138），设置比对阈值为 70%[168]。

5.2.5 宏基因组建库、测序、拼接和注释

用于宏基因组测序的土壤 DNA 提取和纯度检测工作与 5.2.5 节一致。通过自动聚焦声波基因组剪切仪（Covaris M220，基因科技，中国）将 DNA 片段化，筛选约 400 bp 的片段，用于构建 PE 文库。

使用 DNA 快速建库试剂盒（NEXTflexTM Rapid DNA-Seq Kit，Bioo Scientific，美国）构建 PE 文库：

（1）接头连接；

（2）使用磁珠筛选去除接头自连片段；

（3）利用 PCR 扩增进行文库模板的富集；

（4）磁珠回收 PCR 产物得到最终的文库。

使用测序平台（Illumina NovaSeq，Illumina，美国）进行宏基因组测序，具体步骤为：

（1）文库分子一端与引物碱基互补，经过一轮扩增，将模板信息固定在芯片上；

（2）固定在芯片上的分子另一端随机与附近的另外一个引物互补，也被固定住，形成“桥”；

（3）PCR 扩增，产生 DNA 簇；

（4）DNA 扩增子线性化成为单链；

（5）加入改造过的 DNA 聚合酶和带有 4 种荧光标记的 dNTP，每次循环只合成一个碱基；

（6）用激光扫描反应板表面，读取每条模板序列第一轮反应所聚合上去的核苷酸种类；

（7）将“荧光基团”和“终止基团”化学切割，恢复 3′端黏性，继续聚合第二个核苷酸；

（8）统计每轮收集到的荧光信号结果，获知模板 DNA 片段的序列。

对测序所得的数据质量控制和拼接组装步骤为：

（1）使用 Fastp 软件（Version 0.20.0）对 reads 3′端和 5′端的 adapter 序列进行质量剪切。

（2）使用 Fastp 软件（Version 0.20.0）去除剪切后长度小于 50 bp、平均碱基质量值低于 20 以及含 N 碱基的读数，保留高质量的成对终端读数（Pair-end Reads）和独立终端读数（Single-end Reads）；使用拼接软件 MEGAHIT（Version 1.1.2）对优化序列进行拼接组装[169]。在拼接结果中筛选≥300 bp 的序列作为最终的组装结果。

使用 MetaGene 程序对拼接结果中的序列进行 ORF（开放阅读框）预测[170]。

选择核酸长度≥100 bp 的基因，并将其翻译为氨基酸序列。用 CD-HIT 软件（Version 4.6.1）对所有样品预测出来的基因序列进行聚类，每类取最长的基因作为代表序列，构建非冗余基因集[171]。使用 SOAPaligner 软件（Version 2.21），分别将每个样品的高质量 reads 与非冗余基因集进行比对（95% identity），统计基因在对应样品中的丰度信息[172]。使用 Diamond 软件（Version 0.8.35）将非冗余基因集的氨基酸序列与 KEGG 数据库（Version 94.2）进行比对（BLASTP 比对参数设置期望值 e-value 为 $1e^{-5}$），获得基因对应的 KEGG 功能。使用 KO、Pathway、EC、Module 对应的基因丰度总和计算对应功能类别的丰度[172]。使用 Diamond 软件（Version 0.8.35）将非冗余基因集的氨基酸序列与 ARDB（Version 1.1）数据库进行比对（BLASTP 比对参数设置期望值 e-value 为 $1e^{-5}$），获得基因对应的抗生素抗性功能注释信息，然后使用抗生素抗性功能对应的基因丰度总和计算该抗生素抗性功能的丰度[172]。

原始数据提交至 NCBI（序列号：SRP323510）。

5.2.6 数据分析和计算方法

使用 Win RHIZO 软件（Version 2.0）对植物根系发育情况进行量化[173]，测量了以下根系参数：总根长（Total Root Length，TRL）、根表面积（Surface Area，SA）、根体积（Volume，Vol）和根系平均直径（Average Diameter，AvgD）。不同微生物丰度与土壤理化指标之间的相关性通过 Pearson 相关性计算，微生物种间关系使用 Spearman 相关性计算。使用 PASW 统计软件（Version 18）分析 Pearson 相关性、Spearman 相关性、F 检验、t 检验和单因素方差分析（One-way ANOVA）。选择 Spearman 相关性（r）>0.8 的成对微生物丰度数据，使用 Gephi 软件（Version 0.9.2）构建微生物共现网络。微生物 α 多样性（ACE、Chao 1、Coverage、Shannon 和 Simpson）使用 Mothur 软件（Version 1.30.2）计算。使用 MEGA 软件（Version 5.05）用于构建系统发育树。Phylocom 软件（Version 4.2）和 R 语言用于计算操作分类单元（Operational Taxonomy Units，OTUs）的最近种间亲缘关系指数（Nearest

Taxon Index，NTI）和 β 最近种间亲缘关系指数（β-nearest Taxon Index，βNTI）以确认微生物群落装配过程[62, 174]。

微生物群落装配过程结果解析如下：①如 NTI＞2 或平均 NTI＞0 表明微生物群落关系密切，系统发育树聚类；NTI＜−2 或平均 NTI＜0 表明微生物群落疏远，系统发育树过度分散。结果与“0”之间的显著差异表明了聚集或分散强度。②如果|βNTI|＜2，则微生物系统是随机装配的结果，而|βNTI |＞2 意味着微生物群落是确定性装配的结果，结果与“0”之间的显著差异表示聚集或分散强度。③当 βNTI＜−2 时意味着目标微生物群落显著低于系统发育周转，为均质化选择过程（Homogeneous Selection Process）；当 βNTI＞2 时意味着目标微生物群落显著高于系统发育周转，为确定性选择过程（Deterministic Selection Process）。

5.3 研究结果

5.3.1 OMC 材料对甘蓝型油菜全生命周期的促生效果

与 PF 处理相比，OMC 材料处理的甘蓝型油菜幼苗从发芽第 15 天起就展现出明显的生长优势［图 5-1（a）］。在甘蓝型油菜的重要生育时期——蕾薹期，OMC 材料处理组的甘蓝型油菜具有更早的花期、更大的叶片面积和更粗壮的茎部［图 5-1（b）］。第 240 天，这项研究收获了甘蓝型油菜并统计了生物量（表 5-3）。由于甘蓝型油菜成熟前所有的叶片都会自然脱落，因此无法在收获时获得甘蓝型油菜叶片的鲜重数据，但这项研究收集了所有叶片，烘干后获得了叶片的干重数据。OMC 材料处理后，甘蓝型油菜植株根和茎的鲜重分别增加了 21.04%和 12.96%；根、茎和叶的干重分别增加了 35.85%、36.52%和 29.04%，所有的组间差异都达到了统计学显著性［图 5-1（e）～（i）］。

OMC 材料处理组的油菜种子质量和成熟度显著提高［黄色种子的种皮没有完全发育，图 5-1（c）］，根部发育更充分［图 5-1（d）］。这项研究进一步对油菜根系差异进行了量化，OMC 材料处理组的总根长［图 5-1（e）］、根尖数［图 5-1（f）］、根表面积［图 5-1（g）］、根体积［图 5-1（h）］和根系平均直径［图 5-1（i）］分别比 PF 处理提升了 62.6%、78.05%、65.75%、47.76%和 12.96%，所有组间差异在统计学上都具有显著性。可见 OMC 材料处理促进了油菜在整个生命周期内的生长和发育。

（a）甘蓝型油菜种子发芽 15 天后的植株状态

（b）甘蓝型油菜在蕾薹期的生长状态

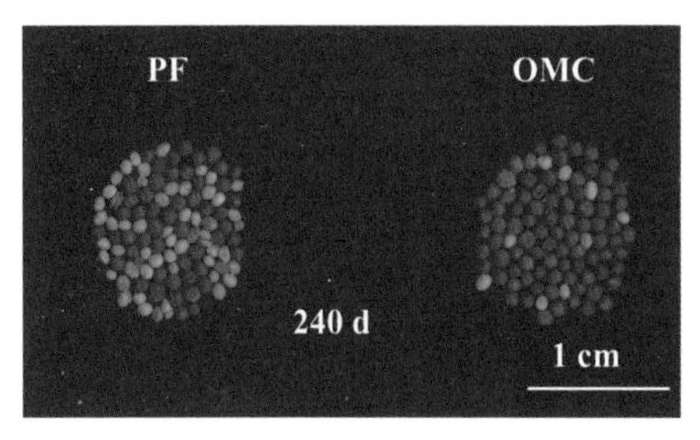

（c）240 天后种子质量（黄色种子为未成熟）

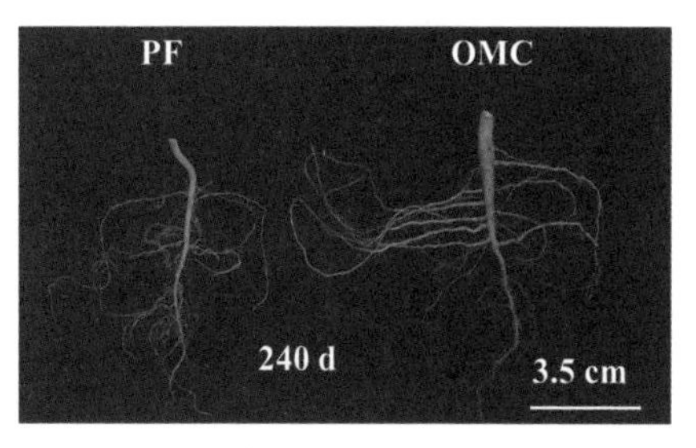

（d）收获后根系发育状态

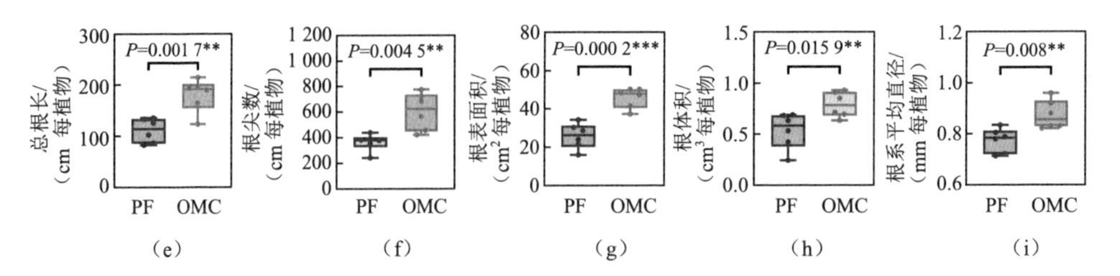

（e）、（f）、（g）、（h）和（i）分别为每株甘蓝型油菜的根系总根长、根尖数、根表面积、根体积和根系平均直径

图 5-1　添加 OMC 材料（OMC）和推荐施肥（PF）处理后甘蓝型油菜全生育周期形态变化及 240 天后的根部量化比较

注：Student's t 的 P 值用于描述组间差异。P 值和星号数量的关系为 $P>0.05$，ns；$P<0.05$，*；$P<0.01$，**；$P<0.001$，***；$P<0.000\,1$，****。Mean±sd，n=6。

表 5-3　甘蓝型油菜植株的鲜重和干重

项目	鲜重/g						干重/g					
	根部		茎部		叶片		根部		茎部		叶片	
PF	4.80±0.26		27.0±3.27		—		1.06±0.18		5.86±0.92		3.34±0.56	
OMC	5.81±0.61		30.5±1.94		—		1.44±0.17		8.00±0.70		4.31±0.40	
增长率	21.04%		12.96%		—		35.85%		36.52%		29.04%	
组间差异	F	P	F	P	F	P	F	P	F	P	F	P
	5.25	0.004**	2.85	0.048*	—	—	1.14	0.004**	1.69	0.001**	1.98	0.006**

注：在油菜生长过程中，叶片在成熟前完全脱落，因此无法确定叶片鲜重。F 检验用于比较方差，Student's t 的 P 值用于描述组间差异。PF—推荐施肥；OMC—OMC 材料处理。Mean±sd，P 值和星号数量的关系为 $P>0.05$，ns；$P<0.05$，*；$P<0.01$，**；$P<0.001$，***；$P<0.000\,1$，****。Mean±sd，n=6。

5.3.2　OMC 材料对土壤理化性质及酶活性的影响

240 天后，处理组间的根际土 pH 没有显著差异［$P>0.01$，图 5-2（a）］，但较原始土壤（pH=7.82）略有升高。相对 PF 处理，OMC 材料处理的 SMBC 和 AP 含量分别显著提高了 23.68%［$P<0.001$，图 5-2（b）］和 43.88%［$P<0.000\,1$，图 5-2（c）］。OMC 材料处理的根际 TN 含量显著高于 PF 处理［16.39%，$P<0.01$，

图 5-2（d）]，这表明根际微生物的固氮能力可能被激活。OMC 材料根际土壤的 NO_3^--N 含量低于 PF 处理［61.38%，P<0.000 1，图 5-2（e）]，相反，OMC 材料处理的 NH_4^+-N 含量显著提高［68.90%，P<0.000 1，图 5-2（f）]。

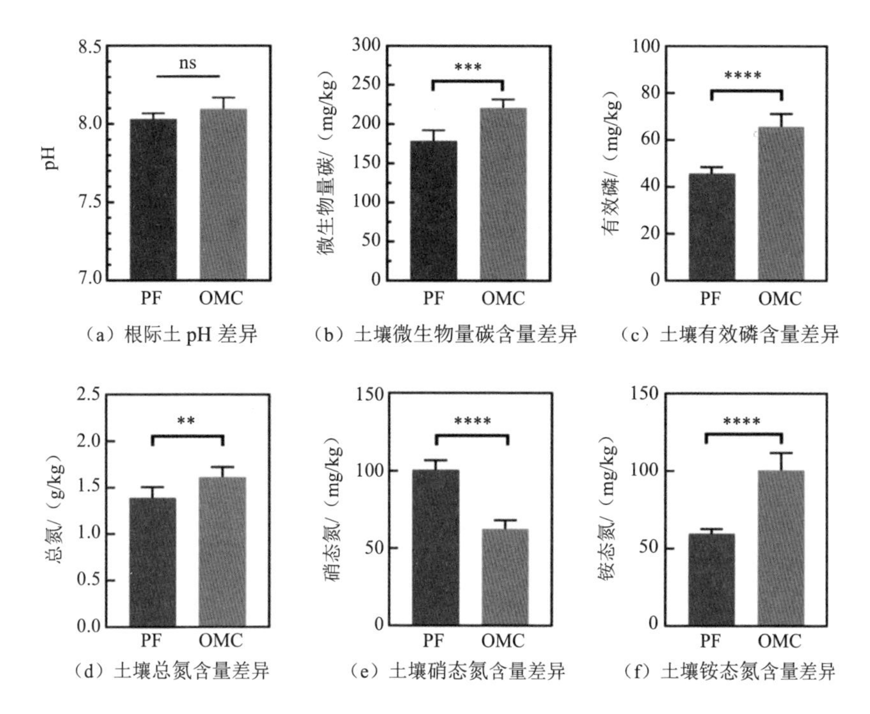

（a）根际土 pH 差异 （b）土壤微生物量碳含量差异 （c）土壤有效磷含量差异

（d）土壤总氮含量差异 （e）土壤硝态氮含量差异 （f）土壤铵态氮含量差异

图 5-2 油菜收获时土壤主要理化指标组间差异

注：PF—推荐施肥；OMC—OMC 材料处理。Student's t 的 P 值用于描述组间差异。P 值和星号数量的关系为 P>0.05，ns；P<0.05，*；P<0.01，**；P<0.001，***；P<0.000 1，****。Mean±sd，n=6。

甘蓝型油菜收获后，根际土壤酶活性变化如图 5-3 所示。OMC 材料处理中 ALP 被显著激活。ALP 可以在碱性土壤中促进矿化的磷水解为有效磷，升高的 ALP 活性可以解释土壤中升高的有效磷含量［图 5-2（b）]。INV 和 FDA 活性显著升高，分别提升了 21.91%和 17.75%，表明土壤微生物的丰度和活性增加，这与 OMC 材料处理根际土壤中增加的 SMBC［23.68%，图 5-2（b）］数据相一致。OMC 材料处理中 URE 的活性较 PF 处理显著下降（15.71%，P<0.01）。URE 可

以将土壤有机氮水解为 NH_4^+-N，因此大多数相关研究都报道了 URE 活性与 NH_4^+-N 含量之间的正相关关系[175]，然而在本书中，URE 活性与 NH_4^+-N 含量呈负相关关系。因此，尿素等有机氮的水解可能并不是土壤中 NH_4^+-N 的主要来源。CEL 和 BG 的活性没有显著变化。

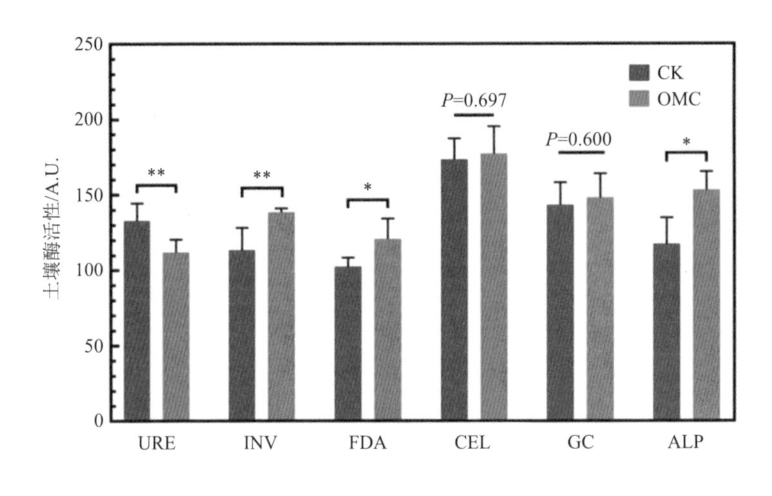

图 5-3 土壤酶活性变化

注：PF—推荐施肥；OMC—OMC 材料处理；URE—脲酶；INV—转化酶；FDA—荧光素二乙酸酯酶；CEL—纤维素酶；GC—β 葡糖苷酶；ALP—碱性磷酸酶；Student's t 的 P 值用于描述组间差异。P 值和星号数量的关系为 $P>0.05$，ns；$P<0.05$，*；$P<0.01$，**；$P<0.001$，***；$P<0.0001$，****。Mean±sd，n=6。

5.3.3 OMC 材料对微生物群落结构和装配过程的影响

5.3.3.1 微生物群落组成和微生物种间相互作用

16S rRNA 测序共获得 170 051 974 个碱基，剪接得到 409 212 个序列，可归于 4 108 个 OTU。利用基于 Bray-Curtis 距离的主坐标分析（PCoA）确定重复的可靠性和处理对微生物群落结构组成影响的显著性，结果如图 5-4（a）所示。Adonis 分析显示重复间的 Bray-Curtis 距离显著低于处理间的 Bray-Curtis 距离［$P<0.01$，

图 5-4（b）]，这一结果表明重复间差异较小且处理对微生物群落结构造成了显著的影响。

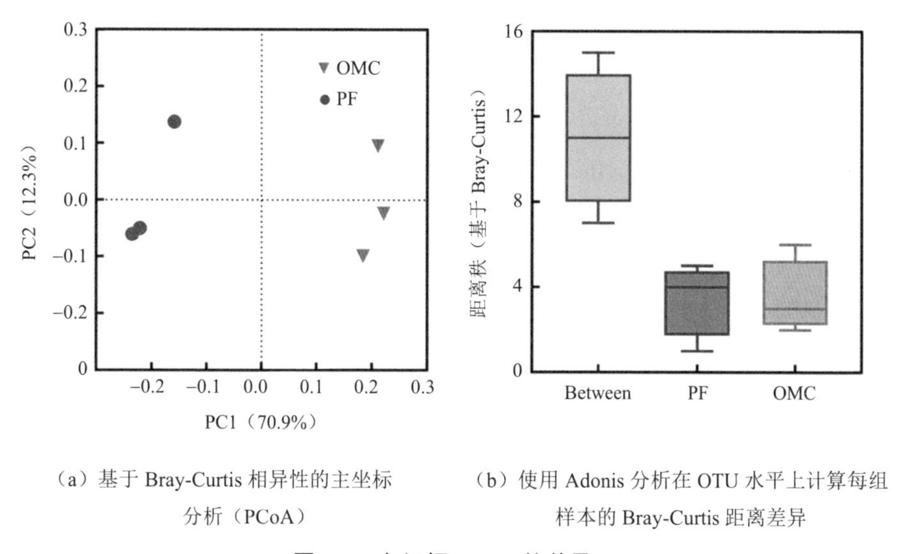

（a）基于 Bray-Curtis 相异性的主坐标分析（PCoA）

（b）使用 Adonis 分析在 OTU 水平上计算每组样本的 Bray-Curtis 距离差异

图 5-4 各组间 OTUs 的差异

图 5-5（a）展示了 OMC 材料处理和 PF 处理后油菜根际细菌相对丰度排名前十的门，包括变形菌门（Proteobacteria）、放线菌门（Actinobacteriota）、绿弯菌门（Chloroflexi）、酸杆菌门（Acidobacteriota）、芽单胞菌门（Gemmatimonadota）、厚壁菌门（Firmicutes）、拟杆菌门（Bacteroidota）、黏菌门（Myxococcota）、髌骨菌门（Patescibacteria）和疣微菌门（Verrucomicrobiota）。相对于 PF 处理，在 OMC 材料处理后的甘蓝型油菜根际土壤中变形菌门（$P<0.05$）和黏菌门（$P<0.01$）的相对丰度显著增加，而放线菌门（$P<0.001$）和厚壁菌门（$P<0.05$）的相对丰度显著降低。

基于目前对微生物的了解，研究者们习惯对更加熟悉的微生物目和属水平进行研究。在本书中，大多数的属是未被分类的，也就无法判断这些属的功能，因此本研究对目水平的细菌进行分析。共有 28 个目的相对丰度＞1%，这些目占细菌总数的70.24%～75.76%［图5-5（b）］。添加OMC材料后，8个目的相对丰度显著增加（P＜0.05），包括根瘤菌目（Rhizobiales）、伯克氏菌目（Burkholderiales）、绿屈挠菌目（Chloroflexales）、茎杆菌目（Caulobacterales）、多囊菌目（Polyangiales）、黄色单胞菌目（Xanthomonadales）、*SBR1031*菌目和芽单胞菌目（Gemmatimonadales），而有4个目的相对丰度显著降低（P<0.05），包括Norank_c__MB-A2-108菌目、厌氧绳菌目（Anaerolineales）、丙酸杆菌目（Propionibacteriales）、热微菌目（Thermomicrobiales）。前人的报道已经证实OMC材料处理中增加的目，包括根瘤菌目[176]、芽单胞菌目[177]和伯克氏菌目[178]，在固氮中起着关键作用；黄单胞菌目在磷酸盐溶解过程中发挥重要作用[179]，微生物目的变化可以解释根际土壤的无机营养变化。

这项研究基于Spearman相关性选取细菌相对丰度＞1%的属和相对丰度＞1%的目构建了微生物互作网络。在对相对丰度＞1%的细菌属所构建的微生物互作网络中［图5-5（c）］，PF和OMC分别具有15个和18个节点。在对相对丰度＞1%的细菌目所构建的微生物互作网络中［图5-5（d）］，PF和OMC均具有28个节点。图密度指图中各节点之间联络的紧密程度。点之间的连线越多，该图的密度就越大。无论是在细菌属网络中还是目网络中，OMC材料处理的图密度均小于PF，可见微生物互作网络的拓扑参数证明PF的微生物网络连接较为紧密。平均路径长度被定义为任意两个节点之间距离的平均值。在目网络中，OMC的平均路径长度低于PF，可见信息更易在OMC材料处理后的微生物间快速传递，而在网络中快速传递信号更有利于微生物间的信息交流和抵抗外界胁迫。因此，相对于PF处理，OMC的根际细菌互作网络的紧密程度较低，微生物间具有更高效的信息传递效率。

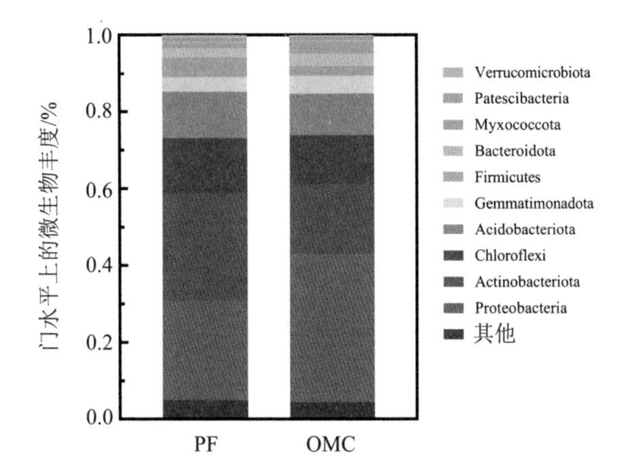

（a）油菜根际细菌相对丰度排名前十的门

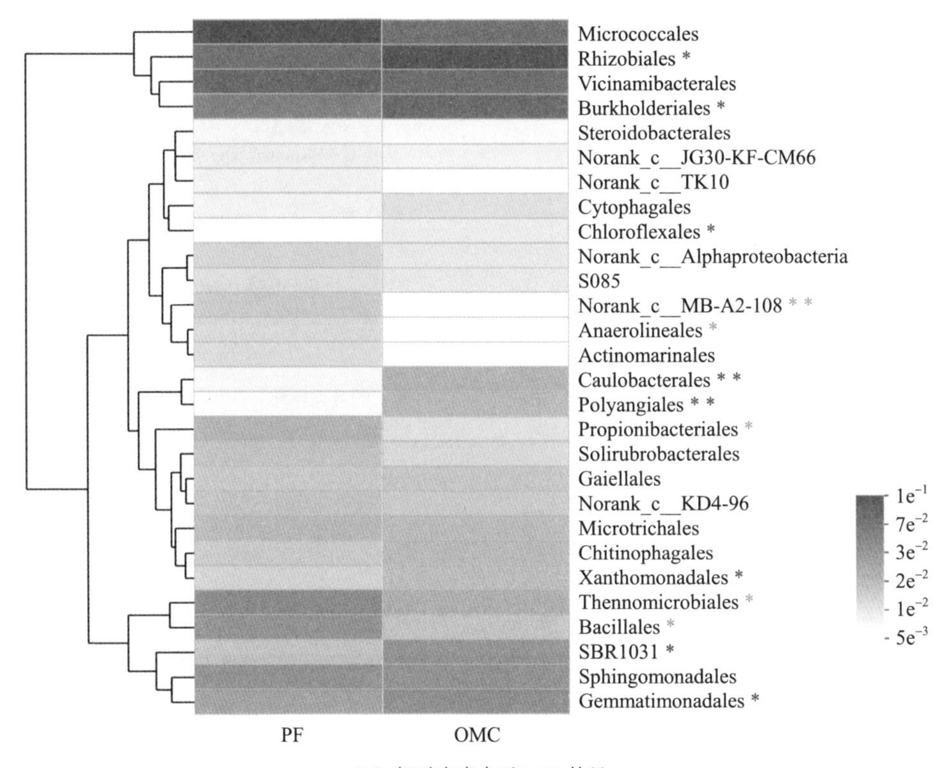

（b）相对丰度大于>1%的目

注：颜色按对数显示；颜色越深，相对丰度越高。Student's t 的 P 值用于描述组间差异。P 值和星号数量的关系为 $P>0.05$，ns；$P<0.05$，*；$P<0.01$，**；$P<0.001$，***；$P<0.0001$，****。红色星号表示 OMC 材料处理组的相对丰度显著高于 PF 处理组，绿色星号表示 OMC 材料处理组的相对丰度显著低于 PF 处理组。

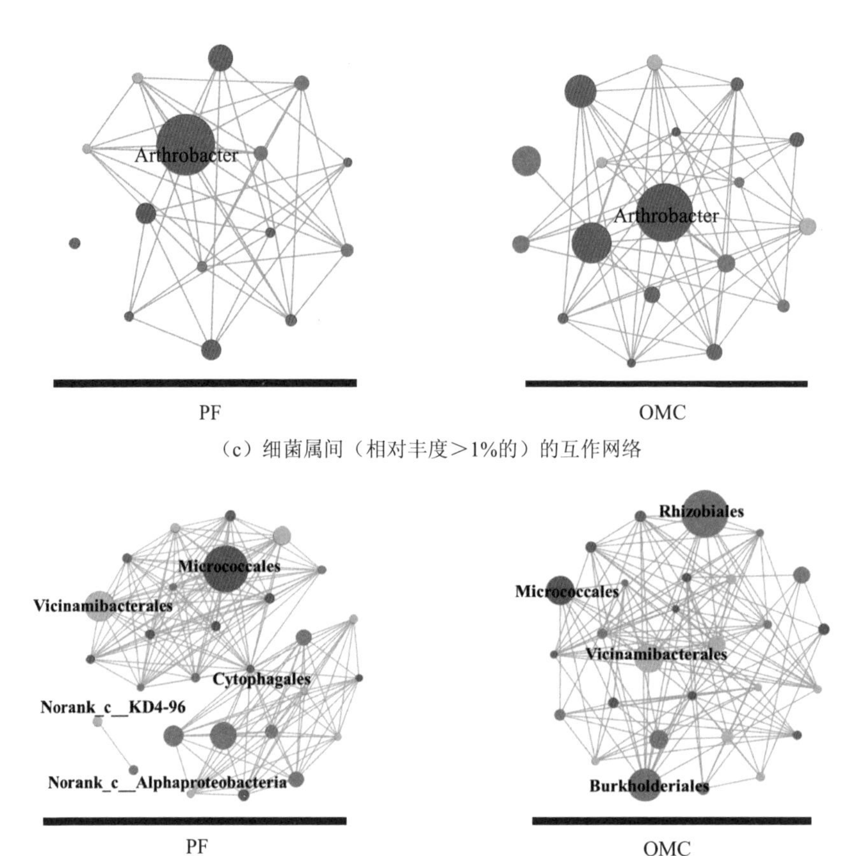

（c）细菌属间（相对丰度＞1%的）的互作网络

（d）细菌目间（相对丰度＞1%的）的互作网络

Proteobaeteria Chloroflexi Actinobacteriota Bacteroidota Firmicutes Chloroflex Myxococcota

注：n=3。

图 5-5 细菌群落组成及细菌互作网络分析

表 5-4 细菌互作网络拓扑参数

项目		节点数量	边数量	图密度	平均路径长度
RA＞1%的属	PF	15	86	0.41	1
	OMC	18	61	0.399	1
RA＞1%的目	PF	28	172	0.455	1.472
	OMC	28	135	0.375	1.262

注：PF—推荐施肥；OMC—添加有机矿物质复合体材料。

5.3.3.2 OMC 材料对微生物多样性和群落装配过程的影响

不同处理的甘蓝型油菜根际土壤中细菌 α 多样性如表 5-5 所示。Coverage 是测序深度指数，其可表示各样品文库的覆盖率，Coverage 的数值越高，样品中序列被测出的概率越高，重复性越好。OMC 和 PF 处理组的 Coverage 指数都接近 1，这与主坐标分析结果（图 5-4）共同进一步证明了重复数据的组内数据的可靠性和可重复性。ACE 指数和 Chao 1 指数用于评估群落 OTU 的数目，是生态学和环境微生物学中估计物种总数的常用 α 多样性指数。ACE 指数越大，表明群落的丰富度越高；Chao 1 指数越大，表明 OTU 数目越多。OMC 材料处理后甘蓝型油菜根际土壤中的 ACE 指数和 Chao 1 指数都显著高于 PF 处理。

表 5-5　不同处理的 α 多样性

项目	Coverage		ACE		Chao 1		Shannon		Simpson	
PF	0.988±0.001		3 670±11.6		3 630±22.6		6.34±0.112		0.017±0.004	
OMC	0.987±0.001		3 870±121		3 860±116		6.66±0.095		0.005±0.001	
组间	*P*	*F*	*P*	*F*	*P*	*F*	*P*	*F*	*P*	*F*
分析	0.053	3.97	0.049*	108	0.026*	26.3	0.019*	1.39	0.009**	19.0

注：PF—推荐施肥；OMC—添加有机矿物质复合体材料。*F* 检验用于比较方差；Student's *t* 的 *P* 值用于描述组间差异。*P* 值和星号数量的关系为 $P>0.05$，ns；$P<0.05$，*；$P<0.01$，**；$P<0.001$，***；$P<0.000\,1$，****。Mean±sd，n=3。

Shannon 指数和 Simpson 指数是一种量化指标，可用于反映微生物群落中的不同类型种数，也可以同时考虑这些种类的个体分布之间的丰富性、差异性或均匀性。Shannon 指数越高，表明群落的多样性越高；Simpson 指数越大，说明群落多样性越低。相对于 PF 处理，OMC 材料处理中 Shannon 指数显著提高而 Simpson 指数显著下降，这证明 OMC 材料处理后的甘蓝型油菜根际土壤中微生物 OTU 更为丰富，与 ACE 和 Chao 1 指数所反映的信息相一致。

为了使所选择的 OTU 范围具有代表性，并充分考虑 R 语言系统和 MEGA 软件可以处理的数据量，使用 RA＞0.1%（占总 OTU 的 55%～62%）和 RA＞0.5%（占总 OTU 的 18%～24%）的 OTU 构建系统发育树并用于细菌群落装配过程计算，结果如图 5-6 所示。

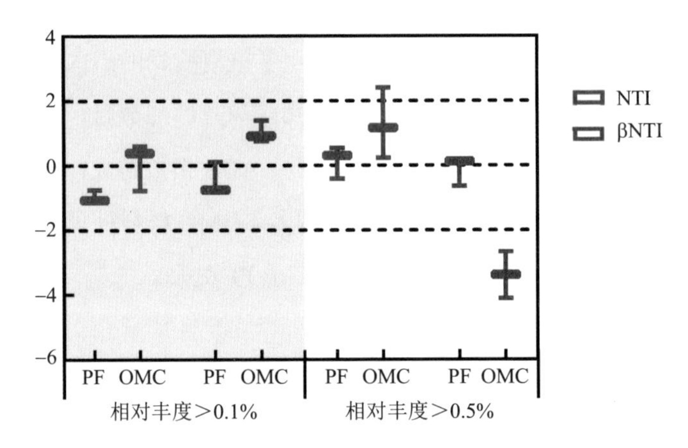

图 5-6 不同丰度范围内的最近种间亲缘关系指数（NTI）和 β 最近种间亲缘关系指数（βNTI）

注：PF—推荐施肥；OMC—添加有机矿物质复合体材料。

NTI 用于评估根际细菌群落的系统发育是聚类（Clustering）的还是过度分散（Overdispersion）的。在 RA＞0.1%的 OTU 范围，PF 和 OMC 的平均 NTI 值分别小于 0 和大于 0，表明在 PF 和 OMC 材料处理中，RA＞0.1%的 OTU 根际系统发育特征分别是过度分散的和聚集的。PF 和 OMC 材料处理在 RA＞0.5%的 OTU 范围中均表现出系统发育聚类（平均 NTI＞0），表明 OMC 材料处理在更大范围内（RA＞0.5%和 RA＞0.1%）对根际 OTU 的系统发育具有聚类效应。

结果表明，在 RA＞0.1%的 OTU 范围内，PF 和 OMC 材料处理后细菌群落装配过程是随机的（|βNTI|＜2）。然而，在 RA＞0.5%的 OTU 范围内，OMC 材料处理的根际 OTU 装配是确定性的（|βNTI|＞2），而 PF 的组装过程是随机的（|βNTI|＜2）。这种确定性组装过程是一个同质选择（Homogeneous Selection）过

程（βNTI＜−2），这意味着该成分受到同质环境压力（Homogeneous Environmental Pressures）的影响。

5.3.4 环境指标、油菜生物量和微生物目间相关性分析

为了探索微生物、根系营养、土壤酶活性和植物生长状况的关系，该研究使用 Pearson 相关性分析研究了环境指标、油菜生物量和微生物目间的相关性关系，结果如图 5-7 所示。根瘤菌目（Rhizobiales）、茎杆菌目（Caulobacterales）、SRB1031 菌目、芽单胞菌目（Gemmatimonadales）和 TN 积累呈现不同程度的正相关关系［图 5-7（a）（b）］，芽单胞菌目（Gemmatimonadales）、茎杆菌目（Caulobacterales）、多囊菌目（Polyangiales）与 AP 含量呈正相关关系［图 5-7（a）（b）］。NH_4^+-N、TN 和 AP 的含量与植物生物量呈正相关，与根鲜重、茎鲜重和茎干重达到统计学显著性［图 5-7（c）］，这些结果表明无机养分的差异可能是导致 OMC 材料处理后植物生长优势最直接的原因之一。

值得注意的是，本研究中检测到的 URE 和土壤 NH_4^+-N 含量之间存在显著的负相关关系［$P<0.05$，图 5-7（c）］。在以往的研究中，土壤脲酶的高活性往往导致土壤中 NH_4^+-N 含量的升高，因为 URE 的作用是将尿素等有机氮水解为 NH_4^+-N 以促进氮素在土壤环境中的循环[175]。这项研究中的不一致结果可能证明土壤 NH_4^+-N 的来源不仅来自有机氮水解，因此这项研究对土壤功能进行了宏基因组分析来寻找这一功能变化的分子证据。

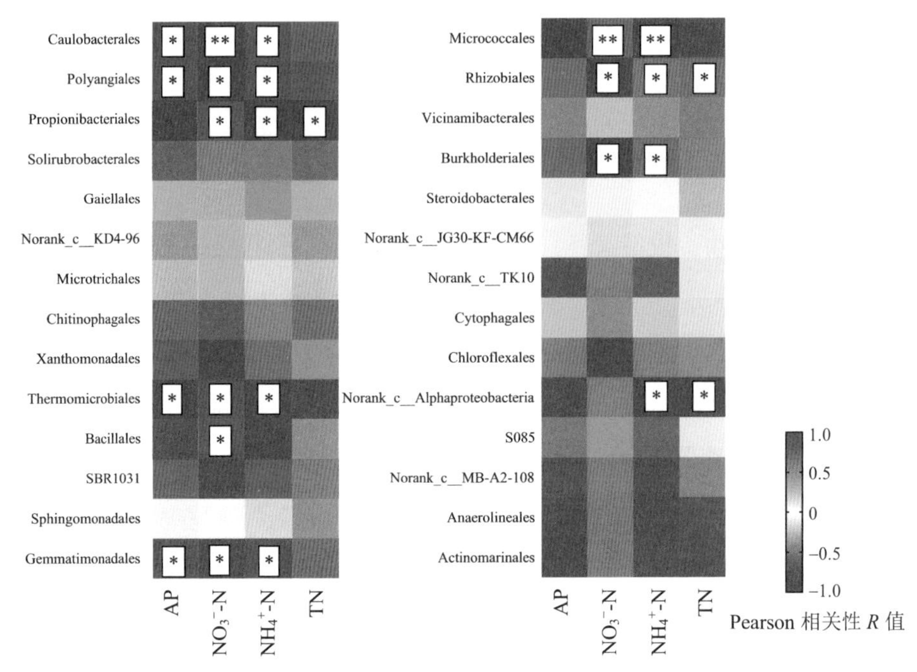

（a）细菌目与土壤无机营养间的 Pearson 相关性

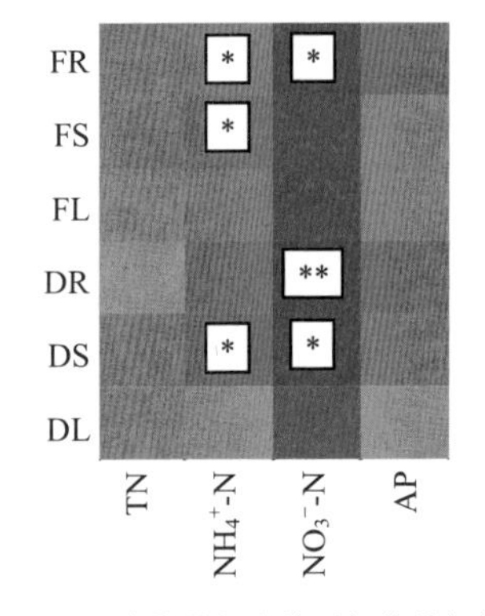

（b）植物生物量与土壤无机营养间的 Pearson 相关性

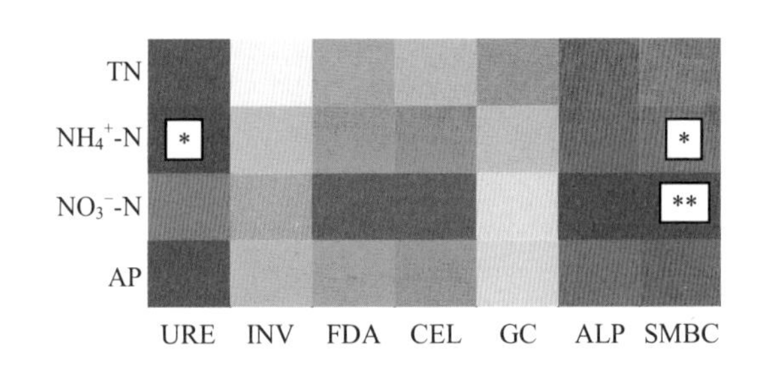

（c）土壤酶活性与土壤无机营养间的 Pearson 相关性

图 5-7　环境因素、甘蓝型油菜生物量和细菌目相对丰度间的 Pearson 相关性分析

注：该图根据 Pearson 相关系数的 *R* 值上色。颜色越深，相关性越强；红色代表正相关，蓝色代表负相关。*P* 值和星号数量的关系为 $P>0.05$，ns；$P<0.05$，*；$P<0.01$，**。$n=3$。

5.3.5 根际土壤功能变化

5.3.5.1 根际基因丰度及通路变化

土壤样品中共检测到 6 165 个基因，其中 298 个在数量上具有统计学差异（$P<0.05$）。所有基因均属于 394 条代谢通路。在多种通路中存在显著差异，包括细菌分泌系统、脂肪酸生物合成、光合生物体内的碳固定和蛋白质输出通路（图 5-8）。

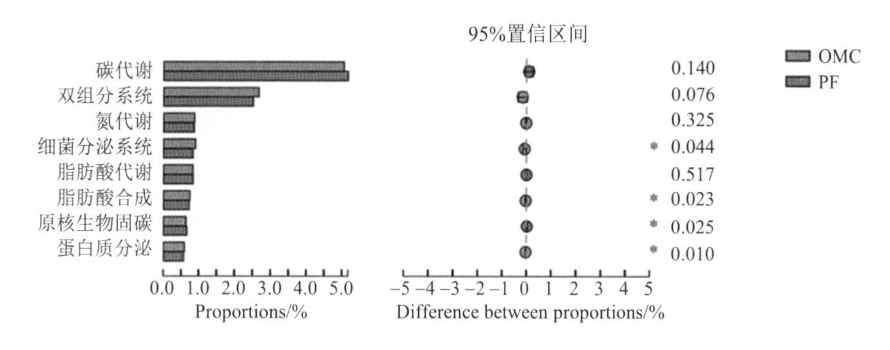

图 5-8 重要通路中基因丰度变化

注：根据京都基因与基因组百科全书（KEGG）中的路径分类（3 级）分析处理之间的差异，并通过 bootstrap 计算置信区间（CI）。使用双尾 Wilcoxon 符号秩和检验差异，$P>0.05$，ns；$P<0.05$，*；$P<0.01$，**。$n=3$。

5.3.5.2 重要无机营养循环通路变化

参与 C 循环的基因丰度发生了显著改变［图 5-9（a）］。Student's *t* 的 *P* 值用于描述组间差异，颜色越深，相关性越弱。*P* 值和星号数量的关系为 $P>0.05$，ns；$P<0.05$，*；$P<0.01$，**。红色表示有 OMC 材料处理组的基因丰度高于 PF 处理，蓝色则相反。脂肪酸生物合成通路（KEGG 数据库中 map 00061）中的基因丰度显著上调［如 *fabG* 和 *fabD*，$P<0.05$，图 5-8、图 5-9（a）］，而脂肪酸降解（KEGG 数据库的 map 00071）通路的基因丰度没有显著变化（图 5-8）。参与 3-羟基丙酸生物循环（KEGG 数据库的 map 00720）中的重要基因，如 *accA* 和 *accC*，

在 OMC 材料处理中显著上调［$P<0.05$，图 5-9（a）］。3-羟基丙酸生物循环是原核生物固碳的重要通路，其功能是编码功能酶促进环境中的 HCO_3^- 与乙酰辅酶 A 结合生成丙二酰辅酶 A，这有助于在非光敏条件下固碳。*csrA* 被认为是微生物胞内碳存储调节器；一些研究表明，*csrA* 可以阻止微生物利用有机物并增强细胞内糖原储存[180, 181]。与 PF 组相比，虽然没有统计学上的显著差异，OMC 材料组的 *csrA* 丰度上调了 25%（P=0.250，图 5-10），而 *crsA* 基因的唯一的负调控基因 *sdiA* 下调了 50%（P=0.270，图 5-10），这些结果可能导致 OMC 材料处理组中油菜根际微生物的碳源储存能力得到了增强。因此，包括脂肪酸生物合成、HCO_3^- 捕捉和碳源储存等一系列的基因丰度变化结合土壤微生物量碳［图 5-2（b）］，α 多样性（表 5-3）和土壤酶活性（图 5-3）的土壤生化测试结果一致支持 OMC 材料激活土壤中细菌诱导的碳封存。

相对于 PF 处理，OMC 材料处理后氮循环通路受到显著影响［图 5-9（a）（b）］。在 OMC 材料处理中，*AmoA*、*AmoB*、*AmoC*、*Hao* 和 *NarH* 等参与硝化过程的基因和 *NirS*、*NorC* 和 *NosZ* 等参与反硝化过程的基因丰度被显著下调［图 5-9（b）］，这意味着 OMC 材料处理抑制了 NO_3^--N 和 N_2 的生物合成。值得注意的是，基因组证据表明更多的 NO_3^--N 趋向于被微生物转化为 NH_4^+-N：OMC 材料处理中 *Nrt* 基因丰度被上调［P=0.173，图 5-9（c）］。*Nrt* 是编码硝酸盐跨膜转运载体蛋白的基因，表明 OMC 材料组的根际微生物可能具有更强的向胞内转运硝酸盐的能力。在 OMC 材料处理的土壤中，*narG*、*nirB*、*Nari* 和 *NrfH* 等异化硝酸盐还原过程基因丰度被不同程度上调；值得注意的是，异化硝酸盐还原过程是一个高能耗过程，编码 ATP 合成酶的基因 *atpI*［P=0.064 2，图 5-10（b）］和 *fliI*［P=0.028 4，图 5-10（c）］被上调，这意味着土壤细菌将 NO_3^--N 转化为 NH_4^+-N 的能量基础已经被满足。基因通路变化的分子证据与土壤根际土壤理化指标变化相一致，解释了 URE 与 NH_4^+-N 的非正相关性，即土壤中的 NH_4^+-N 可能来源于 NO_3^--N 的微生物转化而非有机氮水解。

ppX 和 *ppK* 分别是编码多磷酸核酸外切酶和多磷酸激酶的基因。这些基因的上

调［图 5-9（a）］意味着更多的 AP 可能在土壤中积累，这与土壤化学指标（图 5-2）和磷酸酶活性（图 5-3）的结果一致。在粮食产量与作物根际土壤基因丰度的大尺度相关性研究中，*ppX* 丰度与作物产量呈显著正相关关系[86]，本研究中 *ppX* 基因丰度与作物产量呈正相关关系，与前人的研究相一致。硫氧化蛋白编码基因 *soxY* 的丰度在 OMC 材料处理中被显著上调［*P*=0.023，图 5-9（a）］，这一结果有助于活化被矿化的 S 从而促进 S 循环。OMC 材料处理的根际土壤中编码硫酸盐转运蛋白的 *cysP*［*P*=0.005，图 5-10（a）］和烷烃磺酸盐转运蛋白的 *ssuB*［*P*=0.044，图 5-9（a）］和 *ssuA*［*P*=0.468 4，图 5-9（a）］丰度被不同程度上调，这些基因的功能是向微生物细胞内转运烷烃磺酸盐，可见土壤微生物对硫酸盐的需求可能有所增加。

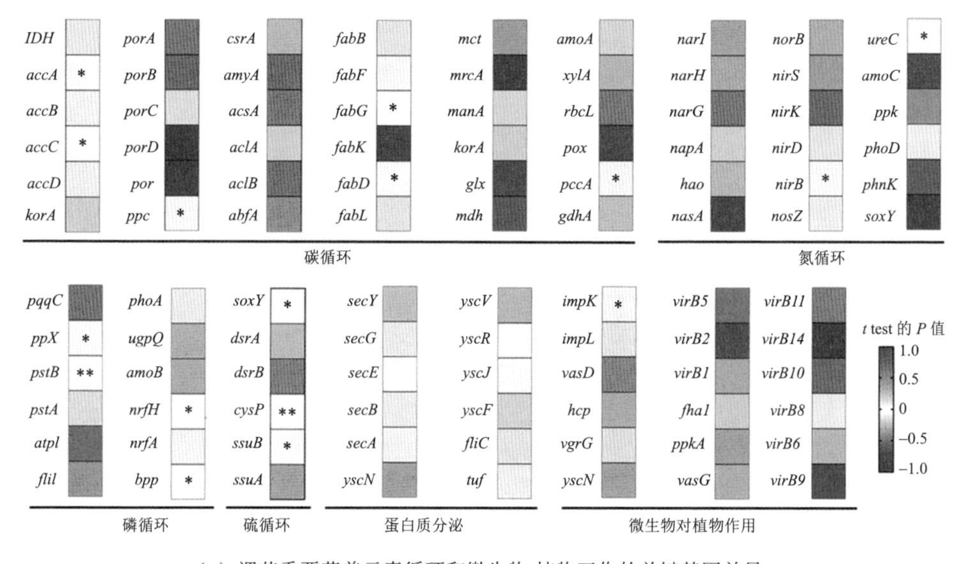

（a）调节重要营养元素循环和微生物-植物互作的关键基因差异

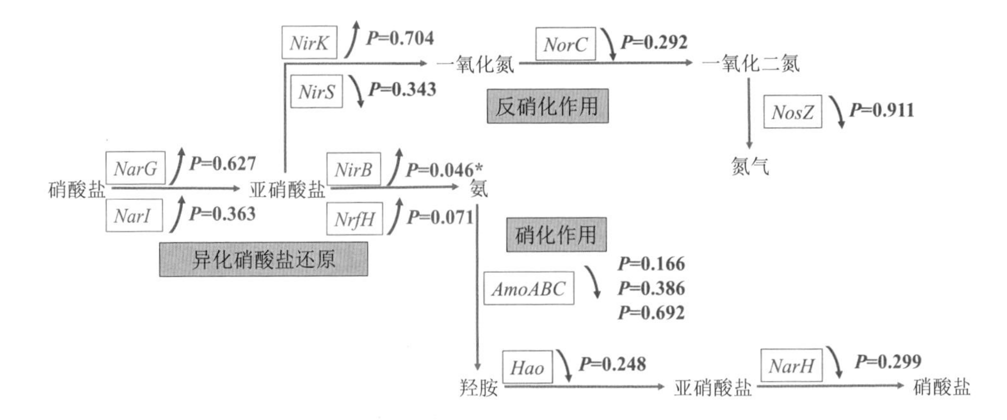

（b）氮循环通路中相关基因的丰度变化

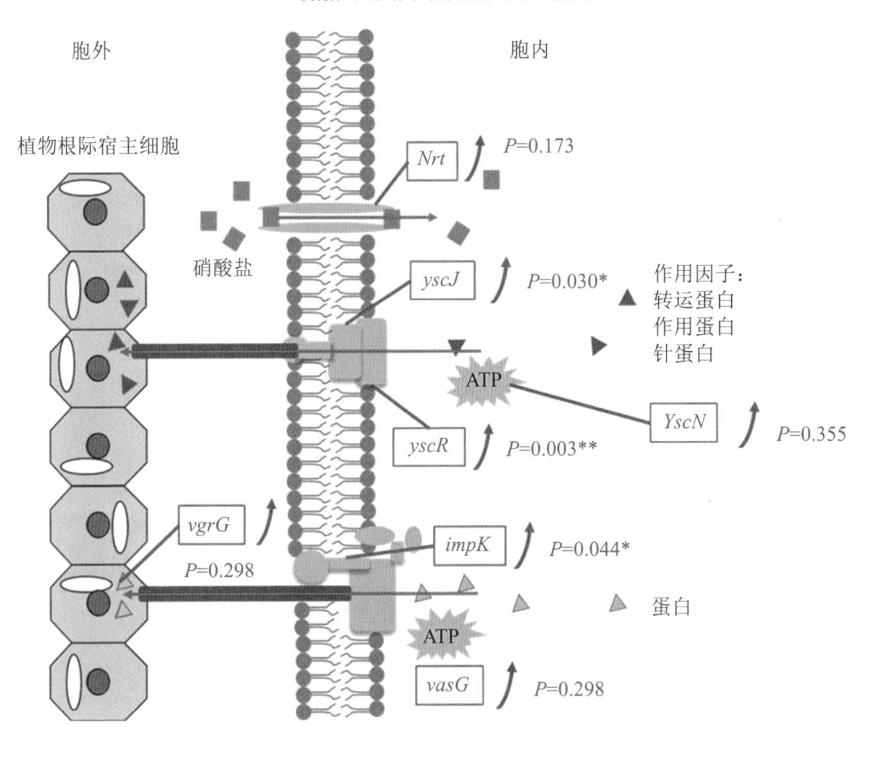

（c）细菌分泌系统和涉及的主要基因

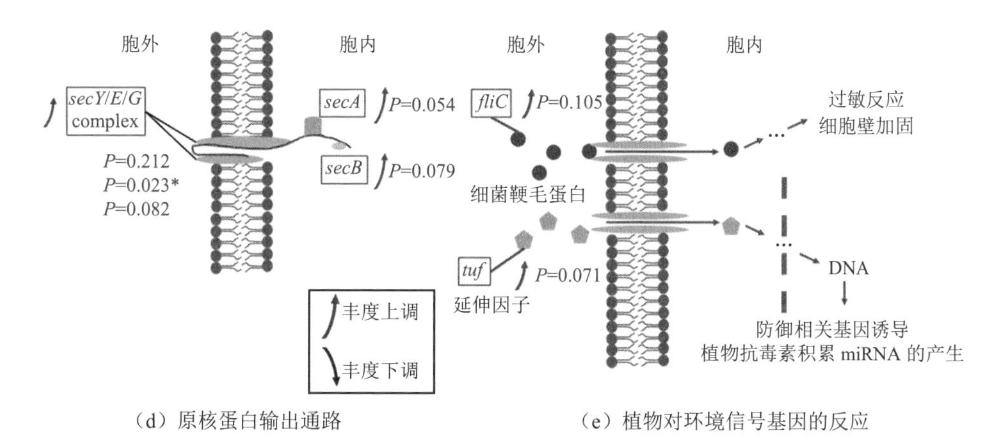

（d）原核蛋白输出通路　　（e）植物对环境信号基因的反应

图 5-9　基因丰度和通路变化

注：n=3。

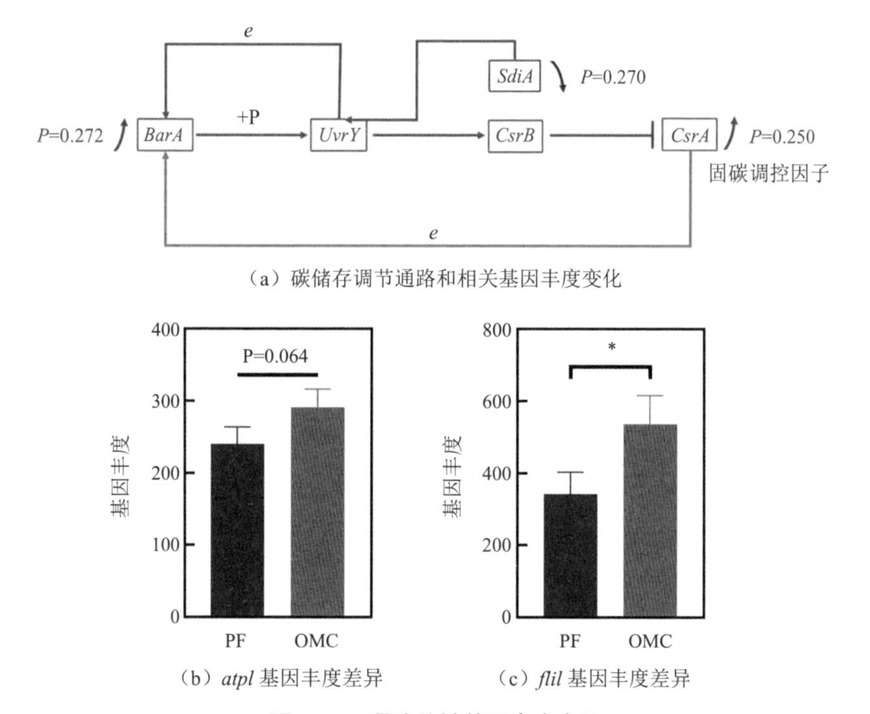

（a）碳储存调节通路和相关基因丰度变化

（b）*atpl* 基因丰度差异　　（c）*flil* 基因丰度差异

图 5-10　通路关键基因丰度变化

注：向上的红色箭头表示 OMC 材料添加导致根际基因丰度上调，而向下的蓝色箭头则相反。该通路引用自京都基因和基因组百科全书（KEGG）。Student's t 的 P 值用于描述组间差异。P 值和星号数量的关系为 $P>0.05$，ns；$P<0.05$，*；$P<0.01$，**；$P<0.001$，***；$P<0.000\,1$，****。Mean±sd，n=3。

5.3.5.3 微生物与植物间相互作用

添加 OMC 材料后，根际微生物和寄主之间的相互作用更为积极。调节蛋白质输出和植物微生物信息传递的基因显著上调［$P<0.05$，图 5-9（a）］。在Ⅳ型和Ⅵ型细菌分泌系统中［图 5-9（c）］，微生物可以跨细胞壁将效应蛋白运输到植物宿主细胞。编码转运蛋白的多个基因（*yscJ*、*yscR* 和 *impK*）的丰度显著上调（$P<0.05$），而为跨膜转运提供能量的基因，包括 *yscN*（P=0.355）和 *vasG*（P=0.298）上调。在原核蛋白输出通路中［图 5-9（d）］，编码转运蛋白的重要基因 *secE* 的丰度显著上调（$P<0.05$）。虽然没有达到显著性差异，但两个重要基因 *SecA* 和 *SecB* 的 t 检验 P 值分别达到 0.054 和 0.079。编码效应蛋白的 *fliC*（P=0.105）和 *tuf*（P=0.071）可以刺激植物细胞壁增厚的应激反应和植物抗毒素的分泌［图 5-9（e）］，从而诱导植物对环境胁迫的抗性。这些证据表明，添加 OMC 材料后，根际微生物影响环境（包括寄主植物）的能力增加。

5.3.5.4 根际土中金属抗性基因和抗生素抗性基因丰度的变化

基于宏基因组学测序结果，这项研究对甘蓝型油菜根际土壤中的金属抗性基因和抗生素抗性基因进行了分析，结果如图 5-11 所示。在金属离子的抗性基因筛查中，本书着重分析了编码重金属和非重金属吸收和转运蛋白的基因。在非重金属离子方面，Na 的转运和吸收基因没有发生显著变化，编码 K 吸收蛋白的基因 *kup* 显著上调（$P<0.001$），Mg 转运载体蛋白编码基因 *mgtE* 显著上调（$P<0.05$），Fe 转运载体蛋白编码基因 *feoB*（$P<0.05$），*fhuE* 显著上调（$P<0.01$）。真核生物中普遍存在的铁蛋白由 24 个亚单位组成的蛋白质外壳包围着一个电子密度很大的铁核组成，OMC 材料处理中的铁蛋白编码基因 *bfr* 显著上调（$P<0.001$），Fe 是生命活动的重要元素，上调的铁蛋白编码基因意味着生命体储存 Fe 能力的提升，有利于生命活动进行。OMC 材料处理后，油菜根际土壤中关于编码吸收和转运 Zn、Ni、Ag、As、Cd、Co、Cr、Te 和 Cu 等重金属蛋白的基因丰度变化不明

显。值得注意的是，相对于 PF 处理，OMC 材料处理中汞离子转运蛋白的编码基因 *merT* 丰度显著下调（$P<0.05$），而汞结合蛋白 *merP* 显著上调（$P<0.05$），显示出 OMC 材料处理后的土壤微生物可能对 Hg 产生抗性，一方面 Hg 通过微生物吸收进入生命体的富集通道受阻，另一方面结合蛋白可以络合 Hg 离子从而降低 Hg 离子的生物有效性。根据前人文献报道，OMC 材料具有吸附 Hg 的潜力[124]，而 OMC 材料添加后可以进一步激活土壤微生物对 Hg 的抗性，可见 OMC 材料在未来具有生态修复 Hg 污染的潜力。

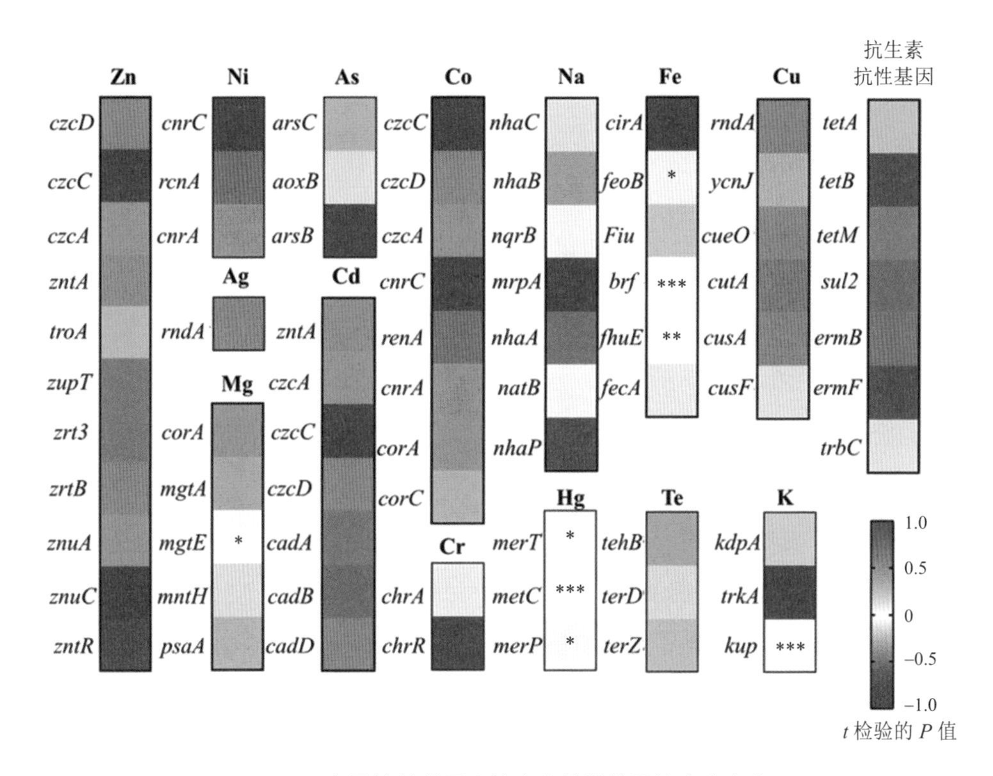

图 5-11 金属抗性基因和抗生素抗性基因的丰度变化

注：Student's t 的 P 值用于描述组间差异，颜色越深，相关性越弱。P 值和星号数量的关系为 $P>0.05$，ns；$P<0.05$，*；$P<0.01$，**；$P<0.001$，***。红色表示有 OMC 材料处理组的基因丰度高于 PF 处理，蓝色则相反。$n=3$。

OMC 材料以鸡粪作为有机质供体，然而由于鸡粪中可能含有大量抗生素，本书继续探究了 OMC 材料添加后油菜根际土壤中抗生素抗性基因的变化。本研究着重调查了四环素抗性基因（*tetA*、*tetB*、*tetC*、*tetG*、*tetM*、*tetO*、*tetQ*、*tetW*、*tetX*）、磺酰胺抗性基因（*sul*1、*sul2*、*sul3*、*drfA7*）、喹诺酮抗性基因（*qnrB*、*qnrS*）、大环内酯抗性基因（*ermB*、*ermF*、*ermQ*、*ermX*、*mefA*）和基因迁移基因（*intI1*、*intI2*、*ISCR1*、*IncQ*、*trbC*、*TnpA*）的丰度，其中所有检出的基因如图 5-11 所示，经过 OMC 材料处理后，大多数抗生素抗性基因被下调，但未达到统计学显著性，因此可以推断 OMC 材料可以微弱降低土壤中抗生素抗性基因的丰度。

5.4 讨论

5.4.1 OMC 材料对甘蓝型油菜生长的影响

已经有大量的研究关注了 OMC 材料这一特殊的复合体，但研究的重点主要集中在确定其结构和化学组成上。目前可以确定的是矿物质可以为有机物提供稳定的结合位点，以避免酶和微生物对有机质氧化从而稳定土壤碳。然而，最近的研究证明，柠檬酸等根系分泌物可以促进 OMC 材料中活性有机物的析出[110]。为了探索 OMC 材料对植物根际的影响并评估 OMC 材料在农业中的应用潜力，本书比较了甘蓝型油菜对添加 OMC 材料（OMC 材料处理）和广受农业组织推荐的施肥方式（有机肥+化肥，PF 处理）的响应，结果发现 OMC 材料在油菜整个生命周期中都存在显著的促生作用（图 5-1、表 5-1）。

通过对根际土壤的系统研究，OMC 材料处理后甘蓝型油菜的显著促生效果归因于无机营养变化和根际微生物组成和功能变化：①在实验开始时，本研究平衡了 N、P 添加，而 240 天后根际 TN、NH_4^+-N 和 AP 的含量差异显著（图 5-2）。AP、TN 和 NH_4^+-N 的差异与作物生物量的差异呈正相关（图 5-7），这意味着重要的无机养分变化可能是导致作物生长差异最直接因素之一。②OMC 材料处理后，细菌分泌系统的相关基因，特别是Ⅳ型和Ⅵ型，被显著上调［图 5-9（c）］，其功能是微生物跨细胞壁向植物分泌效应蛋白，同时为这一过程提供能量的相关基因被上调［图 5-9（c）］，这些分子证据表明 OMC 材料的加入可能激活了植物和微生物之间的相互作用；此外，基因丰度表明细菌蛋白分泌通路的相关基因丰度被显著上调［图 5-9（d）］，这意味着细菌群落具有更强的影响环境的能力或微生物之间更紧密的信息交换，这一结果与微生物网络分析的拓扑参数结果相一致。多达 40%被植物固定的碳将以根际分泌物的形式分泌到根际土壤中[182]，根际分泌物有助于调控根际微生物群落结构，同时根际微生物可以通过分泌营养物质为植物供给营养，因此根际微生物可以与寄主植物发生紧密的相互作用，植物和微生物之间的信息交换对作物生长至关重要[183]。可见添加 OMC 材料后，微生物种间与微生物—植物间更紧密的相互作用可能是作物生长优势的重要诱因。

5.4.2 OMC 材料改变细菌组成和碳氮循环

240 天后，OMC 材料处理和 PF 处理之间的微生物组成存在显著差异，特别是固氮细菌（图 5-5）。根据系统发育信号进一步计算细菌群落的装配过程（图 5-6）。OMC 材料处理后根际土壤中相对丰度＞0.5%OTU 组是同质选择后的确定性装配的结果，这一范围涵盖了微生物群落的 20%左右。这一结果并不常见，因为微生物群落的确定性装配过程通常发生在剧烈或持续的环境变化之后，例如 pH 变化或数十年的连续施氮[57, 62]。在这项研究中，OMC 材料添加 240 天后根际土 pH 与 PF 处理没有显著差异［图 5-2（a）］，而且由于在实验之初平衡了 C 和 N 的添加（表 5-5），这种确定性的装配过程也并不来自营养供应的差异，另外，短期营养变化很难引起微生物群落装配过程的变化[184]。考虑到 OMC 材料中的低分子量有机碳可能具有生物信号效应，这项研究推测低分子量有机碳引起了微生物组成和装配过程的变化。然而目前的代谢组学高通量测序技术尚不成熟，质谱法只能识别一小部分有机物[185]。而在复杂的土壤环境中，很难筛选出导致微生物发生确定性装配的某些有机信号。然而，通过对微生物群落组成分析和微生物装配过程计算，本研究足以证明 OMC 材料添加后，甘蓝型油菜的根际微生物群落结构和活性发生了显著改变。

本研究进一步使用鸟枪宏基因组测序技术对不同处理后根际基因丰度进行了量化，重点研究了参与碳储存和氮循环通路的基因丰度变化。基因组学结果表明，在添加 OMC 材料后，有两条重要的 C 储存通路，即脂肪酸生物合成和 3-羟基丙酸生物循环被显著激活；土壤 SMBC、土壤酶活性（如 FDA 和 INV）和 α 多样性（如 Chao1 指数和 ACE）可以表征微生物丰度，这些土壤环境指标在添加 OMC 材料后显著增加（图 5-2、图 5-3、表 5-3），土壤生化指标的定量数据和功能基因的分子证据可以共同确定 OMC 材料处理后 SMBC 显著增加。陆地生态系统每年可以抵消约 30%人类活动排放的二氧化碳[68, 69]。农业用地是最重要的陆地碳库之一，但一些土地已经失去了 1/3～2/3 的 SOM，即使几十年的土壤碳管理实践（如秸秆还田）仍然难以在一些特殊地区恢复有机碳和土壤生产力[70]。微生物残体是持久性 SOM 的主要成分，微生物残体 C 对 SOM 的贡献为 40%～70%[72]。随着微生物量周转的不断迭代，这些微生物细胞成分将逐渐积累成微生物残体[186]。土壤酶活性代表土壤功能并与 SOM 储存密切相关，BG 和 CEL 在大尺度的 Meta 分析中与土壤有机碳含量呈负相关关系[187, 188]，而添加 OMC 材料后，BG 和 CEL 活性并没有发生显著变化（$P>0.05$，图 5-3），这进一步支持了添加 OMC 材料可能导致 SOM 积累的假设。总之，添加 OMC 材料可能激活了微生物介导的 SOM 积累过程，这些结果丰富了这项研究对 OMC 材料导致 C 储存的理解，即除在 OMC 材料体系中，矿物为有机质提供稳定的吸附位点固碳外，OMC 材料也可以刺激提高微生物量和活性，从而强化微生物参与的固碳过程。在全球气候变化和大多数国家承诺实现“碳达峰”和“碳中和”的背景下，向农业土壤中注入碳有助于恢复土壤微生物多样性和土壤生态，而通过向农田土壤添加 OMC 材料是实现这一目标的可行方法之一。

OMC 材料调控了细菌群落结构并对氮循环产生了显著影响。结果表明，添加 OMC 材料可降低 N_2 生物合成（反硝化过程）通路中的相关基因丰度，这一分子证据与固氮细菌丰度增加［图 5-5（b）］和土壤 TN 积累［图 5-2（d）］的土壤化学分析结果相一致。值得注意的是，在大多数研究中，URE 的活性更可能与 NH_4^+-N 含量呈正相关；导致这一结果的原因是，NH_4^+-N 是 URE 尿素水解的主要产物[175]。然而，OMC 材料处理中的 NH_4^+-N 含量与 URE 呈显著负相关［图 5-7（c）］，这意味着土壤化学实验结果与土壤酶学的验证性实验相反。基因组数据解释了这种不一致性：在 OMC 材料处理中，异化硝酸盐还原的基因丰度显著上调，这意味着更多的 NO_3^--N 被生物转化为 NH_4^+-N；相比之下，与硝化作用相关的基因丰度显著下调（图 5-9）。以基因丰度反映的氮循环通路变化与 NO_3^--N、NH_4^+-N 和 TN 含量之间的盈亏关系一致［图 5-2（d）～（f）］，NO_3^--N 的生物转化，而不是尿素的水解，是土壤 NH_4^+-N 的主要来源。与 NO_3^--N 相比，NH_4^+-N 是作物生长和精氨酸生物合成更直接的原材料[189-191]，积累的 NO_3^--N 被认为"定时炸弹"，不利于土壤生态健康。

5.4.3 农业应用和环境影响

为了探索 OMC 材料在农业中的应用潜力和对环境的影响，选取油菜为供试植物在河北省张家口市（114°52′50″E、40°47′32″N）进行了面积为 10 亩①（约为 0.67 hm^2）的农业中试实验。中试实验设计了 OMC 材料和化肥（15%N）处理，土壤施氮量为 12 kg/亩。在常规土壤水分管理条件下，对照和 OMC 材料处理的甘蓝型油菜产量分别为 155 kg/亩和 215 kg/亩，OMC 材料处理的产量增加了 38.71%。根据供应商提供的成本核算报价单，使用化肥和 OMC 材料的成本分别为每亩 400 元和每亩 480 元（表 5-6）。按照 6 300 元/t 油菜籽的收购价计算，使用 OMC 材料每亩将增加近 300 元的收入。连续施用化肥会导致土壤酸化、微生物多样性减少和土壤功能丧失[192]。本实验用鸡粪作为有机质供体和坡缕石（$(Mg,Al)_5[(OH)_2(Si,Al)_8O_{20}]\cdot 8H_2O$）作为矿物骨架共同制备了人工 OMC 材料，盆栽实验证明根际土中的抗性基因没有发生显著变化（图 5-11），而目前没有任何

① 1 亩约为 666.7 m^2。

实践证据表明向土壤中添加微量的坡缕石会对农业生态造成损害。中试实验的数据除验证了 OMC 材料在农业生产中的应用潜力之外，也和盆栽实验一致进一步解释了 OMC 材料导致了更高的植物生物量和种子质量的机制，即 OMC 材料中的有机信号改变了微生物群落结构和功能从而导致根际养分的优化。然而，应该指出的是，基于盆栽实验和一个种植季的结论仍然具有局限性，OMC 材料对微生物群落和农田生态影响的研究仍然需要大尺度和长时间的实践。

表 5-6 使用化肥和 OMC 材料的成本比较

农业管理方式	用量/（kg/亩）	肥料价格/（元/t）	施用成本/（元/亩）	种植收入/（元/亩）
添加 OMC	200	2 400	480	1 354
施用化肥	80	5 000	400	976

注：油菜籽单价按照 6 300 元/t 计算。

5.5 小结

研究者普遍认为在OMC材料持久储存有机质的机制在于OMC材料中矿物通过为有机质提供稳定的结合位点来稳定有机物免受微生物氧化。最近的研究表明，根系分泌物可以激活 OMC 材料中具有生命活性的低分子量有机碳，但 OMC 材料对植物根际这一微生物活跃区的影响尚未得到深入研究。在本章中，以甘蓝型油菜为供试植物，通过盆栽实验研究了 OMC 材料对植物根际的影响。结果表明，与推荐施肥（PF 处理、化肥+鸡粪）相比，添加 OMC 材料显著促进了甘蓝型油菜的生长。值得注意的是，OMC 材料的添加增加了根际环境中固氮细菌的相对丰度和细菌 α 多样性，OMC 材料处理作物的根际中 RA＞0.5%的 OTU 组是同质选择后确定性装配的结果。与氮循环和土壤化学分析相关的基因丰度表明，OMC 材料改变了细菌群落诱导的固氮过程，并将 NO_3^--N 转化为 NH_4^+-N。上调的固碳通路基因、被激活的土壤酶（包括 FDA 和 INV）和增加的土壤微生物量碳（23.68%）表明，细菌诱导的根际碳储存被激活。通过本章研究表明，OMC 材料的添加可以通过调节根际微生物来影响碳氮等重要营养元素的生物地球化学循环。这些发现为 OMC 材料影响重要元素生物地球化学循环的认知提供了新见解，结合一项中试实验，为提高土壤生产力提出了一个极具应用前景的农田土壤管理策略。

第 6 章

OMC 材料有机肥应用汇编

6.1 应用案例

乐农环保科技有限公司于 2015 年 8 月 27 日在安徽芜湖市成立，注册资本 3 000 万元，主营农耕土壤修复/治理、高标准农田建设、微藻生物肥和“营养元有机碳骨架”功能有机肥研发、生产与销售，土壤固碳技术咨询等服务。目前乐农功能有机肥已经在江苏东台、甘肃张掖、河北保定，河南商水，广西南宁等地建立了生产基地，年产功能有机肥 50 万吨以上。产品销往黑龙江北安，云南大理，四川凉山，天津小站，江苏盐城，广西南宁，安徽芜湖，甘肃秦安/静宁，河南周口，湖南长沙，陕西洛川，贵州长顺等 80 多个地区。

实践经验证明，使用乐农有机肥较使用相同成本的化肥至少增产 15%以上，且产品品质显著提升，应用实例如图 6-1 所示。

图 6-1 应用效果对比

在 2023 年 10 月 23 日，由中国高科技产业化研究会在北京主持召开的“畜禽粪污高值化处理及在糖料蔗高产高糖规模化生产中的应用”通过国家科技成果评价，评价委员会一致认为该成果达到“国际先进水平”。较普通化肥而言，以 OMC 材料为主要作用机制的功能有机肥对甘蔗增产显著（图 6-2），产品当年就可使传统的糖料蔗种植产量由 3～4 吨提高到 6～8 吨，实现增产 100%以上，含糖量提升 40%以上，且甘蔗长势良好，无病虫害，大大减少种植成本，提高制糖产量，每亩糖料蔗的纯利润可使农户增加 1 500～2 000 元，即 20 万亩糖料蔗种植纯利润可增加 30 000 万～40 000 万元。

图 6-2 化肥和功能有机肥对甘蔗增产差异显著

乐农有机肥在促进作物增产的同时还可以降低重金属的生物有效性，并促进农田中有机污染物（PAHs 和 DDTs）的分解，即实现“边修复、边增产”。使用乐农有机肥除创造显著的增产收益外还具有显著的生态效益。在应用案例中，经第三方验证后的典型案例如表 6-1 所示。

表 6-1　使用与化肥同等成本乐农有机肥的技术优势

作物	指标	对照农田	试验农田	去除率/增产率
江苏东台水稻	有效态 Cd/（mg/kg）	0.300 1	0.133 8	55.4%
	PAHs 富集/（mg/kg）	0.125 6	0.069 2	44.9%
	产量/（kg/亩）	564.30	681.11	20.7%
甘肃兰州百合	有效态 Cd/（mg/kg）	0.245 0	0.142 6	41.8%
	DDTs 富集/（mg/kg）	0.050	0.027	32.5%
	产量/（kg/亩）	703.33	922.77	31.2%
山西运城葡萄	有效态 Cd/（mg/kg）	0.173 9	0.107 6	38.1%
	PAHs 富集/（mg/kg）	0.249 8	0.131 6	47.3%
	产量/（kg/亩）	1 926	2 463	27.9%
江苏淮安菜花	有效态 Cd/（mg/kg）	0.403 1	0.159 9	60.3%
	PAHs 富集/（mg/kg）	0.201 6	0.157 6	21.8%
	产量/（kg/亩）	2 625	4 089	55.7%

甘肃省宕昌县是国家乡村振兴重点帮扶县，县里专人专班经过调研、选种、联系销路后最终确定有机中药材种植为全县的特色产业，但当地农民的参与热情并不高，因为有机中药材种植投入高，普通有机肥对中药材的增产效果差，甚至可能出现烧苗等情况。在以有机矿质复合体材料为主要技术的帮助下，多个作物增产显著（表 6-2）。其中党参，枸杞等增产 20%以上，每亩增收 2 500 元以上。该技术产品用在其它农作物上，例如：辣椒、香菜、长豆角、玉米、菜花、水果等多种农作物，比市售有机肥增产 75%以上，同等成本比市售化肥增产 15%以上。由于技术效果显著，课题组系列技术支持的年产 2 万吨有机肥厂于宕昌县正式投产，减少了当地鸡粪、菌菇渣等农业废弃物的利用问题，增加了当地就业 50 人，助力甘肃省宕昌县有机中药材种植特色产业全速腾飞，相关案例入选了国家乡村振兴局典型案例，获评 2022 年教育部创新试验典型项目创新类一等奖。

表 6-2　宕昌县典型地块增产效果

地点	亩数	种类	污染物降幅	亩产（斤）	单价（元/斤）	增产幅度	增收（元）
沙湾镇	80	枸杞	74.5%	500	35	20%	280 000
木耳乡	30	党参	68.5%	2 500	5	25%	75 000
麻界摊	5	香菜	62.3%	3 000	2	50%	15 000
南河镇	200	甘蓝	70.1%	8 000	0.9	60%	54 000

6.2　成果汇编

围绕有机矿质复合体材料、乐农有机肥产品和肥料中关键微生物技术，团队已经发表了 20 余篇研究性论文，申请了 30 余项国家专利或实用新型。

表 6-3　重要发明专利

序号	发明专利	专利号
1	Functional organic fertilizer for increasing yield while remedying	ZA 2021/06084
2	一种草甘膦-重金属复合污染农田土壤的修复方法	ZL 2018114147071
3	一种基于营养元有机碳骨架的功能型土壤生物修复肥的制备方法	ZL 201811047082X
4	一种利用亚临界低温萃取技术修复草甘膦污染农田土壤的方法	ZL 2019100833817
5	一种光辅助单原子催化降解水体中草甘膦的方法	ZL 2019100209838
6	一种农田土壤重金属永久去除的原位修复方法	ZL 2015108469727
7	一种以改性凹凸棒为主要原料制备土壤改良剂的方法	ZL 2015105061097

表 6-4　重要研究型论文

序号	论文名称	期刊	发表年份
1	Using organo-mineral complex material to prevent the migration of soil Cd and As into crops：An agricultural practice and chemical mechanism study	Science of the Total Environment	2023
2	Revealing the potential of organo-mineral complexes in agricultural application using bibliometrics	Journal of Cleaner Production	2023

序号	论文名称	期刊	发表年份
3	Effect of the bacterial community assembly process on the microbial remediation of petroleum hydrocarbon-contaminated soil	Frontiers in Microbiology	2023
4	Organo-mineral complexes alter bacterial composition and induce carbon and nitrogen cycling in the rhizosphere	Science of the Total Environment	2022
5	Organo-mineral complexes impact on Cd migration and transformation：From pot practice to adsorption mechanism	International Journal of Environmental Science and Technology	2022
6	In situ phytoremediation of polycyclic aromatic hydrocarbon contaminated agricultural greenhouse soil using celery	Environmental Technology	2021
7	Activating soil microbial community using bacillus and rhamnolipid to remediate TPH contaminated soil	Chemosphere	2021
8	The history and prediction of composting technology：A patent mining	Journal of Cleaner Production	2020
9	Effect of lignin and plant growth-promoting bacteria（staphylococcus pasteuri）on microbe-plant co-remediation：A PAHs-DDTs Co-contaminated Agricultural Greenhouse Study	Chemosphere	2020

参考文献

[1] 环境保护部，国土资源部. 全国土壤污染状况调查公报[EB/OL].（2014-04-17）[2022-04-26]. http://www.gov.cn/foot/2014-04/17/content_2661768.htm.

[2] 尚二萍，许尔琪，张红旗，等. 中国粮食主产区耕地土壤重金属时空变化与污染源分析[J]. 环境科学，2018，39（10）：4670-4683.

[3] 生态环境部. 关于进一步加强重金属污染防控的意见[EB/OL].（2022-03-07）[2022-04-26]. https://www.mee.gov.cn/xxgk2018/xxgk/xxgk03/202203/t20220315_971552.html?keywords=.

[4] Zheng X H，Oba B T，Wang H，et al. Revealing the potential of organo-mineral complexes in agricultural application using bibliometrics[J]. Journal of Cleaner Production，2023，378：126744.

[5] Liu S J，Jiang J Y，Wang S，et al. Assessment of water-soluble thiourea-formaldehyde（WTF）resin for stabilization/solidification（S/S）of heavy metal contaminated soils[J]. Journal of Hazardous Materials，2018，346：167-173.

[6] Zhao F J，Wang P. Arsenic and cadmium accumulation in rice and mitigation strategies[J]. Plant and Soil，2020，446：1-21.

[7] Liu K，Li F B，Cui J H，et al. Simultaneous removal of Cd（Ⅱ）and As（Ⅲ）by graphene-like biochar supported zero-valent iron from irrigation waters under aerobic conditions：Synergistic effects and mechanisms[J]. Journal of Hazardous Materials，2020，395：122623.

[8] Gong H，Tan Z，Huang K，et al. Mechanism of cadmium removal from soil by silicate composite biochar and its recycling[J]. Journal of Hazardous Materials，2021，409（32）：125022.

[9] Fillman T，Shimizu-Furusawa H，Sheng Ng C K，et al. Association of cadmium and arsenic exposure with salivary telomere length in adolescents in Terai，Nepal[J]. Environmental Research，2016，149：8-14.

[10] Agency for Toxic Substances and Disease Registry. Toxicological profile for cadmium[DB/OL].（2001-12-14）[2022-04-06]. http://www.atsdr.cdc.gov/toxprofiles/tp.asp?id=48&tid=15.

[11] 汪鹏，王静，陈宏坪，等. 我国稻田系统镉污染风险与阻控[J]. 农业环境科学学报，2018，37（7）：1409-1417.

[12] International Programme on Chemical Safety. Arsenic and arsenic compounds. Environmental Health Criteria[DB/OL].（1992-02-26）[2022-04-06]. http://www.who.int/ipcs/publications/ehc/ehc_224/en/.

[13] Tun A Z，Wongsasuluk P，Siriwong W. Heavy metals in the soils of placer small-scale gold mining sites in Myanmar[J]. Journal of Health and Pollution，2020，10（27）：200911.

[14] Atafar Z，Mesdaghinia A，Nouri J，et al. Effect of fertilizer application on soil heavy metal concentration[J]. Environmental Monitoring and Assessment，2010，160：83.

[15] Jiang B H，Jiang L，Fu L L，et al. Evaluation of heavy metal contamination to planting base soil in Shenyang，China[J]. Advanced Materials Research，2013，779-780：1494-1499.

[16] 尹国庆，江宏，王强，等. 安徽省典型区农用地土壤重金属污染成因及特征分析[J]. 农业环境科学学报，2018，37（1）：96-104.

[17] 郭朝晖，肖细元，陈同斌，等. 湘江中下游农田土壤和蔬菜的重金属污染[J]. 地理学报，2008，63（1）：3-11.

[18] Arao T，Ishikawa S，Murakami M，et al. Heavy metal contamination of agricultural soil and countermeasures in Japan[J]. Paddy and Water Environment，2010，8：247-257.

[19] Kwon J C，Nejad Z D，Jung M C. Arsenic and heavy metals in paddy soil and polished rice contaminated by mining activities in Korea[J]. Catena，2017，148：92-100.

[20] 白玲玉，曾希柏，李莲芳，等. 不同农业利用方式对土壤重金属积累的影响及原因分析[J]. 中国农业科学，2010，43（1）：96-104.

[21] 龙军. 牢记浏阳镉污染的悲剧[J]. 当代生态农业，2010（1）：60-62.

[22] Van Hoang N，Shakirov R B，Thu T H，et al. Characteristics of sediment heavy metal levels in lead-zinc ore cho don district area，Bac Kan province，Vietnam[J]. Lithology and Mineral Resources，2021，56：278-292.

[23] Kumar V，Sharma A，Kaur P，et al. Pollution assessment of heavy metals in soils of India and ecological risk assessment：A state-of-the-art[J]. Chemosphere，2019，216：449-462.

[24] Khan Z I，Ahmad K，Ashraf M，et al. Bioaccumulation of heavy metals and metalloids in luffa（*Luffa cylindrica* L.）irrigated with domestic wastewater in Jhang，Pakistan：A prospect for human nutrition[J]. Pakistan Journal of Botany，2015，47（1）：217-224.

[25] Douay F，Pruvot C，Roussel H，et al. Contamination of urban soils in an area of northern France polluted by dust emissions of two smelters[J]. Water Air and Soil Pollution，2008，188：247-260.

[26] Khalid S，Shahid M，Niazi N K，et al. A comparison of technologies for remediation of heavy metal contaminated soils[J]. Journal of Geochemical Exploration，2017，182：247-268.

[27] Zhao M，Ma D，Sun X，et al. In situ removal of cadmium by short-distance migration under the action of a low voltage electric feld and granular activated carbon[J]. Chemosphere，2022，287：132208.

[28] Yao Z，Li J，Xie H，et al. Review on remediation technologies of soil contaminated by heavy metals[J]. Procedia Environmental Sciences，2012，16：722-729.

[29] Zheng X H，Aborisde M A，Wang H，et al. Effect of Lignin and Plant Growth-Promoting Bacteria（Staphylococcus pasteuri）on Microbe-Plant Co-remediation：A PAHs-DDTs Co-contaminated Agricultural Greenhouse Study[J]. Chemosphere，2020，256：127079.

[30] Wang X X，Sun L N，Wang H，et al. Surfactant-enhanced bioremediation of DDTs and PAHs in contaminated farmland soil[J]. Environmental Technology，2018，39（13）：1733-1744.

[31] Martínez-Alcalá I，Pilar Bernal M，de la Fuente C，et al. Changes in the heavy metal solubility of two contaminated soils after heavy metals phytoextraction with Noccaea caerulescens[J]. Ecological Engineering，2016，89：56-63.

[32] Du S，Liu Q，Liu L，et al. Rhodococcus qingshengii facilitates the phytoextraction of Zn，Cd，Ni，and Pb from soils by Sedum alfredii Hance[J]. Journal of Hazardous Materials，2022，424：127638.

[33] Zeng W，Li F，Wu C，et al. Role of extracellular polymeric substance（EPS）in toxicity response of soil bacteria *Bacillus* sp. S3 to multiple heavy metals[J]. Bioprocess and Biosystems Engineering，2020，43：153-167.

[34] Wang Q，Ma L，Zhou Q，et al. Inoculation of plant growth promoting bacteria from hyperaccumulator facilitated non-host root development and provided promising agents for elevated phytoremediation efficiency[J]. Chemosphere，2019，234：769-776.

[35] Rong L，Zheng X，Oba T B，et al. Activating soil microbial community using bacillus and rhamnolipid to remediate TPH contaminated soil[J]. Chemosphere，2021，275：130062.

[36] Flury B，Frommer J，Eggenberger U，et al. Assessment of long-term performance and chromate reduction mechanisms in a field scale permeable reactive barrier[J]. Environmental Science and Technology，2009，43（17）：6786-6792.

[37] Palma L D，Gueye M T，Petrucci E. Hexavalent chromium reduction in contaminated soil：A

comparison between ferrous sulphate and nanoscale zero-valent iron[J]. Journal of Hazardous Materials，2015，281（1）：70-76.

[38] Yuan W，Xu W，Wu Z，et al. Mechanochemical treatment of Cr（Ⅵ）contaminated soil using a sodium sulfide coupled solidification/stabilization process[J]. Chemosphere，2018，212（12）：540-547.

[39] Li Y，Cundy A B，Feng J，et al. Remediation of hexavalent chromium contamination in chromite ore processing residue by sodium dithionite and sodium phosphate addition and its mechanism[J]. Journal of Environmental Management，2017，192（5）：100-106.

[40] Oba T B，Zheng X H，Aborisad M A，et al. Remediation of trichloroethylene contaminated soil by unactivated peroxymonosulfate：Implication on selected soil characteristics[J]. Journal of Environmental Management，2021，285：112063.

[41] Oba T B，Zheng X H，Aborisad M A，et al. Environmental opportunities and challenges of utilizing unactivated calcium peroxide to treat soils co-contaminated with mixed chlorinated organic compounds[J]. Environmental Pollution，2021，291：118239.

[42] Ma Y，Cheng L，Zhang D，et al. Stabilization of Pb，Cd，and Zn in soil by modified-zeolite：Mechanisms and evaluation of effectiveness[J]. Science of The Total Environment，2022，814：152746.

[43] Egbosiuba T C，Egwunyenga M C，Tijani J O，et al. Activated multi-walled carbon nanotubes decorated with zero valent nickel nanoparticles for arsenic，cadmium and lead adsorption from wastewater in a batch and continuous flow modes[J]. Journal of Hazardous Materials，2022，423：126993.

[44] Xue Y，Teng W，Chen Y，et al. Amorphous Mn-La oxides immobilized on carbon sphere for efficient removal of As（Ⅴ），Cd（Ⅱ），and Pb（Ⅱ）：Co-adsorption and roles of Mn species[J]. Chemical Engineering Journal，2022，429：132262.

[45] Arancibia-Miranda N，Manquián-Cerda K，Pizarro C，et al. Mechanistic insights into simultaneous removal of copper，cadmium and arsenic from water by iron oxide-functionalized magnetic imogolite nanocomposites[J]. Journal of Hazardous Materials，2020，398：122940.

[46] Li H，Ji H，Cui X，et al. Kinetics，thermodynamics，and equilibrium of As（Ⅲ），Cd（Ⅱ），Cu（Ⅱ）and Pb（Ⅱ）adsorption using porous chitosan bead-supported $MnFe_2O_4$ nanoparticles[J]. International Journal of Mining Science and Technology，2021，31（6）：1107-1115.

[47] Yuan L，Wen J，Xue Z，et al. Microscopic investigation into remediation of cadmium and arsenite Co-contamination in aqueous solution by Fe-Mn-incorporated titanosilicate[J].

Separation and Purification Technology，2021，279：119809.

[48] Chen H，Xu F，Chen Z，et al. Arsenic and cadmium removal from water by a calcium-modified and starch-stabilized ferromanganese binary oxide[J]. Journal of Environmental Sciences，2020，96：186-193.

[49] Guo J，Yan C，Luo Z，et al. Synthesis of a novel ternary HA/Fe-Mn oxides-loaded biochar composite and its application in cadmium（Ⅱ）and arsenic（Ⅴ）adsorption[J]. Journal of Environmental Sciences，2019，85：168-176.

[50] Pawar R R，Lalhmunsiama M，Kim M，et al. Efficient removal of hazardous lead，cadmium，and arsenic from aqueous environment by iron oxide modified clay-activated carbon composite beads[J]. Applied Clay Science，2018，162：339-350.

[51] Wu J，Huang D，Liu X，et al. Remediation of As（Ⅲ）and Cd（Ⅱ）co-contamination and its mechanism in aqueous systems by a novel calcium-based magnetic biochar[J]. Journal of Hazardous Materials，2018，348：10-19.

[52] Tyagi U. Enhanced adsorption of metal ions onto Vetiveria zizanioides biochar via batch and fixed bed studies[J]. Bioresource Technology，2022，345：126475.

[53] Lin S，Yang X，Liu L，et al. Electrosorption of cadmium and arsenic from wastewaters using nitrogen-doped biochar：Mechanism and application[J]. Journal of Environmental Management，2022，301：113921.

[54] Wang L，Li Z，Wang Y，et al. Performance and mechanisms for remediation of Cd（Ⅱ）and As（Ⅲ）co-contamination by magnetic biochar-microbe biochemical composite：Competition and synergy effects[J]. Science of the Total Environment，2021，750：141672.

[55] Cavicchioli R，Ripple W J，Timmis K N，et al. Scientists' warning to humanity：Microorganisms and climate change[J]. Nature Reviews Microbiology，2019，17：569-586.

[56] Flemming H C，Wuertz S. Bacteria and archaea on Earth and their abundance in biofilms[J]. Nature Reviews Microbiology，2019，17：247-260.

[57] Gao C，Montoya L，Xu L，et al. Fungal community assembly in drought-stressed sorghum shows stochasticity，selection，and universal ecological dynamics[J]. Nature Communication，2020，11：34.

[58] Fahey C，Koyama A，Antunes P M，et al. Plant communities mediate the interactive effects of invasion and drought on soil microbial communities[J]. The International Society for Microbial Ecology Journal，2020，14：1396-1409.

[59] Chu H，Sun H，Tripathi B M，et al. Bacterial community dissimilarity between the surface and

subsurface soils equals horizontal differences over several kilometers in the western Tibetan Plateau[J]. Environmental Microbiology，2016，18（8）：1523-1533.

[60] Högberg M N，Högberg P，Myrold D D. Is microbial community composition in boreal forest soils determined by pH，C-to-N ratio，the trees，or all three?[J]. Oecologia，2007，150：590-601.

[61] Xiang X，Shi Y，Yang J，et al. Rapid recovery of soil bacterial communities after wildfire in a Chinese boreal forest[J]. Scientific Reports，2014，4：3829.

[62] Feng M，Adams J M，Fan K，et al. Long-term fertilization influences community assembly processes of soil diazotrophs[J]. Soil Biology and Biochemistry，2018，126：151-158.

[63] Kong H G，Song G C，Sim H J，et al. Achieving similar root microbiota composition in neighbouring plants through airborne signalling[J]. The International Society for Microbial Ecology Journal，2021，15：397-408.

[64] Lowry G V，Avellan A，Gilbertson L M. Opportunities and challenges for nanotechnology in the agri-tech revolution[J]. Nature Nanotechnology，2019，14：517-522.

[65] Sala O E，Chapin F S，Armesto J J，et al. Global biodiversity scenarios for the year 2100[J]. Science，2000，287：1770-1774.

[66] Lal R. Soil carbon sequestration to mitigate climate change[J]. Geoderma，2014，123（1-2）：1-22.

[67] 联合国粮食和农业组织数据库[EB/OL]. 2023. http://www.fao.org/faostat/zh/#data.

[68] Friedlingstein P，O'Sullivan M，Jones M W，et al. Global Carbon Budget 2020[J]. Earth System Science Data，2020，12：3269-3340.

[69] Terrer C，Phillips R P，Hungate B A，et al. A trade-off between plant and soil carbon storage under elevated CO_2[J]. Nature，2021，591：599-603.

[70] Zhao Y，Wang M，Hu S，et al. Economics- and policy-driven organic carbon input enhancement dominates soil organic carbon accumulation in Chinese croplands[J]. Proceedings of the National Academy of Sciences of the United States of America，2018，115（16）：4045-4050.

[71] Zheng X H，Aborisade M A，Liu S J，et al. The history and prediction of composting technology：A patent mining[J]. Journal of Cleaner Production，2020，276：124232.

[72] Xu Y，Gao X，Liu Y，et al. Differential accumulation patterns of microbial necromass induced by maize root vs. shoot residue addition in agricultural Alfisols[J]. Soil Biology and Biochemistry，2022，164：108474.

[73] Fowler D，Coyle M，Skiba U，et al. The global nitrogen cycle in the twenty-first century[J]. Philosophical Transactions of the Royal Society of London B，2013，368（1621）：20130164.

[74] Ackerman D，Millet D B，Chen X. Global estimates of inorganic nitrogen deposition across four decades[J]. Global Biogeochemical Cycles，2019，33（1）：100-107.

[75] Erisman J W，Sutton M A，Galloway J，et al. How a century of ammonia synthesis changed the world[J]. Nature Geoscience，2008，1：636-639.

[76] Zhang X，Davidson E A，Mauzerall D L，et al. Managing nitrogen for sustainable development[J]. Nature，2015，528：51-59.

[77] Zhang X. A plan for efficient use of nitrogen fertilizers[J]. Nature，2017，543：322-323.

[78] Yang S，Wu H，Dong Y，et al. Deep nitrate accumulation in a highly weathered subtropical critical zone depends on the regolith structure and planting year[J]. Environmental Science and Technology，2020，54（21）：13739-13747.

[79] Wang L，Butcher A S，Stuart M E，et al. The nitrate time bomb：A numerical way to investigate nitrate storage and lag time in the unsaturated zone[J]. Environmental Geochemistry Health，2013，35：667-681.

[80] Smith P，House J I，Bustamante M，et al. Global change pressures on soils from land use and management[J]. Global Change Biology，2016，22（3）：1008-1028.

[81] Liu X，Zhang Y，Han W，et al. Enhanced nitrogen deposition over China[J]. Nature，2013，494：459-462.

[82] Li W B，Jin C J，Guan D C，et al. The effects of simulated nitrogen deposition on plant root traits：A meta-analysis[J]. Soil Biology and Biochemistry，2015，82：112-118.

[83] van Vuuren D P，Bouwman A F，Beusen A H W. Phosphorus demand for the 1970—2100 period：A scenario analysis of resource depletion[J]. Global Environmental Change，2010，20（3）：428-439.

[84] 中华人民共和国自然资源部. 中国矿产资源报告 2022[EB/OL].（2022-09-21）[2023-04-26]. https://www.mnr.gov.cn/sj/sjfw/kc_19263/zgkczybg/202209/t20220921_2759600.html.

[85] 王舒. 污水中异化还原菌回收蓝铁石的磷酸盐竞争与磷回收机制[D]. 天津：天津大学，2019.

[86] Fan K，Delgado-Baquerizo M，Zhu Y，et al. Crop production correlates with soil multitrophic communities at the large spatial scale[J]. Soil Biology and Biochemistry，2020，151：108047.

[87] Sharma S N. Effect of phosphate-solubilizing bacteria on efficiency of Mussoorie rockphosphate in rice（*Oryza sativa*）-wheat（*Triticum aestivum*）cropping system[J]. Indian Journal of Agricultural Sciences，2003，73（9）：478-481.

[88] Yao Y. Spend more on soil clean-up in China[J]. Nature，2016，533：469.

[89] Tang F H M，Lenzen M，McBratney A，et al. Risk of pesticide pollution at the global scale[J]. Nature Geoscience，2021，14：206-210.

[90] Lal R. Soil carbon sequestration impacts on global climate change and food security[J]. Science，2002，304：1623-1627.

[91] Wu J，Zhao Y，Zhao W，et al. Effect of precursors combined with bacteria communities on the formation of humic substances during different materials composting[J]. Bioresource Technology，2017，226：191-199.

[92] Ding J，Zhu D，Chen Q L，et al. Effects of long-term fertilization on the associated microbiota of soil collembolan[J]. Soil Biology and Biochemistry，2019，130：141-149.

[93] Mao G Z，Huang N，Chen L，et al. Research on biomass energy and environment from the past to the future：A bibliometric analysis[J]. Science of the Total Environment，2018，635：1081-1090.

[94] 教育部，国家知识产权局，科技部. 关于提升高等学校专利质量促进转化运用的若干意见 [EB/OL]. 2020-02-19. http://www.moe.gov.cn/srcsite/A16/s7062/202002/t20200221_422861.html.

[95] Yin H J，Zhao W Q，Li T，et al. Balancing straw returning and chemical fertilizers in China：Role of straw nutrient resources. Renew[J]. Sustain. Energy Rev.，2018，81：2695-2702.

[96] Vogel C，Adam C，Peplinski B，et al. Chemical reactions during the preparation of P and NPK fertilizers from thermochemically treated sewage sludge ashes[J]. Soil Sci. Plant Nutr.，2010，56：627-635.

[97] Hargreaves J C，Adl M S，Warman P R. A review of the use of composted municipal solid waste in agriculture[J]. Agric. Ecosyst. Environ.，2008，123：1-14.

[98] Bundhoo Z M A. Potential of bio-hydrogen production from dark fermentation of crop residues：A review[J]. Int. J. Hydrogen Energy，2019，44（32）：17346-17362.

[99] Zhang Z B，Chen Q，Yin C M，et al. The effects of organic matter on the physiological features of Malus hupehensis seedlings and soil properties under replant conditions[J]. Sci. Hortic Amst.，2012，146：52-58.

[100] Xiong W，Guo S，Jousset A，et al. Bio-fertilizer application induces soil suppressiveness against Fusarium wilt disease by reshaping the soil microbiome[J]. Soil Biol. Biochem.，2017，114：238-247.

[101] Friedlingstein P，O'Sullivan M，Jones M W，et al. Global carbon budget 2020[J]. Earth Syst. Sci.，2020，12：3269-3340.

[102] Terrer C，Phillips R P，Hungate B A，et al. A trade-off between plant and soil carbon storage under elevated CO_2[J]. Nature，2021，591：599-603.

[103] Newcomb C J，Qafoku N P，Grate J W，et al. Developing a molecular picture of soil organic matter-mineral interactions by quantifying organo-mineral binding[J]. Nat. Commun.，2017，8：396.

[104] Yudina A V，Fomin D S，Kotelnikova A D，et al. From the notion of elementary soil particle to the particle-size and microaggregate-size distribution analyses：A review[J]. Eurasian Soil Sci.，2018，51：1326-1347.

[105] Zhang H，Liang C，Sun L. Influence of long-term localized fertilizer applications on soil organo-mineral complexes in a sheltered vegetable field[J]. Communications in Soil Science and Plant Analysis，2010，41（20）：2403-2412.

[106] Yudina A V，Fomin D S，Kotelnikova A D，et al. From the notion of elementary soil particle to the particle-size and microaggregate-size distribution analyses：A review[J]. Eurasian Soil Science，2018，51（11）：1326-1347.

[107] Schmidt M W，Torn M S，Abiven S，et al. Persistence of soil organic matter as an ecosystem property[J]. Nature，2011，478（7367）：49-56.

[108] Chi J L，Zhang W J，Wang L J，et al. Direct observations of the occlusion of soil organic matter within calcite[J]. Environmental Science and Technology，2019，53（14）：8097-8104.

[109] Brodowski S，John B，Flessa H，et al. Aggregate-occluded black carbon in soil[J]. European journal of Soil Science，2006，57：539-546.

[110] Yu G H，Xiao J，Hu S J，et al. Mineral availability as a key regulator of soil carbon storage[J]. Environmental Science and Technology，2017，51（9）：4960-4969.

[111] Padarian J，Minasny B，McBratney A，et al. Soil carbon sequestration potential in global croplands[J]. PeerJ，2022，10：e13740.

[112] Georgiou K，Jackson R B，Vindušková Olga，et al. Global stocks and capacity of mineral-associated soil organic carbon[J]. Nature Communication，2022，13：3797.

[113] Albino V，Ardito L，Dangelico R M，et al. Understanding the development trends of low-carbon energy technologies：A patent analysis[J]. Applied Energy，2014，135：836-854.

[114] Sampaio P G V，González M O A，Vasconcelos R M，et al. Photovoltaic technologies：Mapping from patent analysis[J]. Renewable and Sustainable Energy Reviews，2018，93：215-224.

[115] Liu S J，Miao C，Yao S S，et al. Soil stabilization/solidification（S/S）agent-water-soluble thiourea formaldehyde（WTF）resin：Mechanism and performance with cadmium（Ⅱ）[J].

Environmental Pollution，2020，272：116025.

[116] Mihalache D，Sirbu C，Grigore A，et al. Physical，chemical and agrochemical characterization of some organo-mineral fertilizers[J]. Romanian Biotechnological Letters，2017，22（1）：12259-12266.

[117] Ding X，Chen S，Zhang B，et al. Warming increases microbial residue contribution to soil organic carbon in an alpine meadow[J]. Soil Biology and Biochemistry，2019，135：13-19.

[118] Vinogradoff V，Remusat L，McLain H L，et al. Impact of phyllosilicates on amino acid formation under asteroidal conditions[J]. ACS Earth Space Chemistry，2020，4（8）：1398-1407.

[119] Pospíšilová L，Komínková M，Zítka O，et al. Fate of humic acids isolated from natural humic substances[J]. Acta Agriculturae Scandinavica，Section B—Soil & Plant Science，2015，65（6）：517-528.

[120] McFarland J W，Waldrop M P，Strawn D G，et al. Biological and mineralogical controls over cycling of low molecular weight organic compounds along a soil chronosequence[J]. Soil Biology and Biochemistry，2019，133：16-27.

[121] Filimonova S，Kaufhold S，Wagner F，et al. The role of allophane nano-structure and Fe oxide speciation for hosting soil organic matter in an allophanic Andosol[J]. Geochimica et Cosmochimica Acta，2016，180：284-302.

[122] Zheng X H，Zhao M M，Oba B T，et al. Effects of organo-mineral complexes on Cd migration and transformation：From pot practice to adsorption mechanism[J]. International Journal of Environmental Science and Technology，2022，20（1）：579-586.

[123] Liu K，Li F B，Zhao X L，et al. The overlooked role of carbonaceous supports in enhancing arsenite oxidation and removal by nZVI：Surface area versus electrochemical properties[J]. Chemical Engineering Journal，2021，406：126851.

[124] Zhang L J，Wu S，Zhao L D，et al. Mercury sorption and desorption on organo-mineral particulates as a source for microbial methylation[J]. Environmental Science and Technology，2019，53（5）：2426-2433.

[125] Du H H，Xu Z L，Hu M，et al. Natural organic matter decreases uptake of W（Ⅵ），and reduces W（Ⅵ）to W（Ⅴ），during adsorption to ferrihydrite[J]. Chemical Geology，2020，540：119567.

[126] Lei M，Tao J，Yang R，et al. Binding of Sb（Ⅲ）by Sb-tolerant Bacillus cereus cell and cell-goethite composite：Implications for Sb mobility and fate in soils and sediments[J]. Journal of Soil Sediment，2019，19：2850-2858.

[127] Du H H，Huang Q，Zhou M，et al. Sorption of Cu（Ⅱ）by Al hydroxide organo-mineral coprecipitates：Microcalorimetry and Nano SIMS observations[J]. Chemical Geology，2018，499：165-171.

[128] Schmidt M P，Marthinez C D. Supramolecular association impacts biomolecule adsorption onto goethite[J]. Environmental Science and Technology，2018，52（7）：4079-4089.

[129] Ni J，Luo Y M，Wei R，et al. Distribution patterns of polycyclic aromatic hydrocarbons among different organic carbon fractions of polluted agricultural soils[J]. Geoderma，2008，146（1-2）：277-282.

[130] Elliott E T. Aggregate structure and carbon，nitrogen and phosphorus in native and cultivated soils[J]. Soil Science Society of America Journal，1986，50：627-633.

[131] Kumar A，Joseph S，Tsechansky L. Biochar aging in contaminated soil promotes Zn immobilization due to changes in biochar surface structural and chemical properties[J]. Science of the Total Environment，2018，626：953-961.

[132] Quan G，Fan Q，Sun J，et al. Characteristics of organo-mineral complexes in contaminated soils with long-term biochar application[J]. Journal of Hazardous Material，2020，384：121265.

[133] Zampella M，Adamo P，Caner L，et al. Chromium and copper in micromorphological features and clay fractions of volcanic soils with andic properties[J]. Geoderma，2010，157（3-4）：185-189.

[134] Medina J，Monreal C，Chabot D，et al. Microscopic and spectroscopic characterization of humic substances from a compost amended copper contaminated soil：Main features and their potential effects on Cu immobilization[J]. Environmental Science and Pollution Research，2017，24：14104-14116.

[135] Tian W J，Chen H J，Wang X Q，et al. Acidification-induced distribution of organo-mineral aggregates and release of polycyclic aromatic hydrocarbons in red soil from central south China[J]. Environmental Engineering Science，2020，37（9）：606-613.

[136] Sannino F，Iorio M，Addirisio V，et al. Comparative study on the sorption capacity of cyhalofop acid on polymerin，ferrihydrite，and on a ferrihydrite-polymerin complex[J]. Journal of Agricultural and Food Chemistry，2009，57（12）：5461-5467.

[137] Chen H P，Yang X P，Wang P，et al. Dietary cadmium intake from rice and vegetables and potential health risk：A case study in Xiangtan，southern China[J]. Science of the Total Environment，2018，639：271-277.

[138] Celis R，Carmen Hermosin M，Cornejo J. Heavy metal adsorption by functionalized clays[J]. Environmental Science and Technology，2000，34（21）：4593-4599.

[139] Ho Y S，Ng J C，Mckay G. Kinetics of pollutant sorption by biosorbents：Review[J]. Separation and Purification Methods，2000，29（2）：189-232.

[140] Ho Y S，Mckay G. A comparison of chemisorption kinetic models applied to pollutant removal on various sorbents[J]. Process Safety of Environmental Protection（Transactions of the Institution of Chemical Engineers，Part B），1998，76（4）：332-340.

[141] Al-Abbas A H，Barber S A. A soil test for phosphorus based upon fractionation of soil phosphorus：Ⅱ. Development of the soil test[J]. Soil Science Society of America Journal，1964，28（2）：221-224.

[142] Li L，Jia Z，Ma H，et al. The effect of two different biochars on remediation of Cd-contaminated soil and Cd uptake by Lolium perenne[J]. Environmental Geochemistry and Health，2019，41：2067-2080.

[143] Keller C，Marchetti M，Rossi L，et al. Reduction of cadmium availability to tobacco（nicotiana tabacum）plants using soil amendments in low cadmium-contaminated agricultural soils：A pot experiment[J]. Plant and Soil，2005，276：69-84.

[144] Wang Y，Xu Y，Liang X，et al. Effects of mercapto-palygorskite on Cd distribution in soil aggregates and Cd accumulation by wheat in Cd contaminated alkaline soil[J]. Chemosphere，2021，271：12950.

[145] Hu S，Lu J S，Jing C Y. A novel colorimetric method for field arsenic speciation analysis[J]. Journal of Environmental Sciences，2012，24（7）：1341-1346.

[146] 柯涛. MXene 基功能纳米材料的合成及对水中有机污染物的去除作用[D]. 杭州：浙江大学，2021.

[147] Shi L，Yang L，Zhou W，et al. Photoassisted construction of holey defective g-C3N4 photocatalysts for efficient Visible-Light-Driven H_2O_2 production[J]. Small，2018，14（9）：1703142.

[148] Zhao C，Shi C，Li Q，et al. Nitrogen vacancy-rich porous carbon nitride nanosheets for efficient photocatalytic H_2O_2 production[J]. Materials Today Energy，2022，24：100926.

[149] Ahemd M B，Zhou J L，Ngo H H，et al. Progress in the preparation and application of modifed biochar for improved contaminant removal from water and wastewater[J]. Bioresource Technology，2016，214：836-851.

[150] Liu P，Liu W J，Jiang H，et al. Modification of bio-char derived from fast pyrolysis of biomass

and its application in removal of tetracycline from aqueous solution[J]. Bioresource Technology，2016，121：235-240.
[151] Aposhian H V，Aposhian M M. Arsenic toxicology：Five questions[J]. Chemical Research in Toxicology，2006，19：1-15.
[152] Borho M，Wilderer P. Optimized removal of arsenate（Ⅲ）by adaptation of oxidation and precipitation processes to the filtration step[J]. Water Science and Technology，1996，34：25-31.
[153] Tian X，Wang X，Nie Y，et al. Hydroxyl Radical-Involving p-Nitrophenol oxidation during its reduction by nanoscale sulfidated zerovalent iron under anaerobic conditions[J]. Environmental Science and Technology，2021，55（4）：2403-2410.
[154] 王一，王松，施柳，等. 不同稳定化材料对镉砷复合污染土壤稳定化修复效果研究[J]. 土壤通报，2022，53（5）：1203-1211.
[155] Harindintwali J D，Zhou J，Muhoza B，et al. Integrated eco-strategies towards sustainable carbon and nitrogen cycling in agriculture[J]. Journal of Environmental Management，2021，293：112856.
[156] Little A E F，Robinson C J，Peterson S B，et al. Rules of engagement：Interspecies interactions that regulate microbial communities[J]. Annual Review of Microbiology，2008，62：375-401.
[157] Singh B，Bardgett R，Smith P，et al. Microorganisms and climate change：Terrestrial feedbacks and mitigation options[J]. Nature Reviews Microbiology，2010，8：779-790.
[158] Liao P，Woodfield H K，Harwood J L，et al. Comparative transcriptomics analysis of brassica napus L. during seed maturation reveals dynamic changes in gene expression between embryos and seed coats and distinct expression profiles of Acyl-CoA-Binding Proteins for lipid accumulation[J]. Plant Cell Physiology，2019，60（12）：2812-2825.
[159] Zhang Z，Zhou T，Tang T，et al. A multiomics approach reveals the pivotal role of subcellular reallocation in determining rapeseed resistance to cadmium toxicity[J]. Journal of Experimental Botany，2019，70（19）：5437-5455.
[160] Luo J，Yin D，Cheng H，et al. Plant induced changes to rhizosphere characteristics affecting supply of Cd to noccaea caerulescens and Ni to Thlaspi goesingense[J]. Environmental Science and Technology，2018，52（9）：5085-5093.
[161] 郑必昭. 土壤分析技术指南[M]. 北京：中国农业出版社，2012.
[162] 李振高，骆永明，滕应. 土壤与环境微生物研究法[M]. 北京：科学出版社，2008.
[163] 关松荫. 土壤酶及其研究法[M]. 北京：农业出版社，1986.

[164] Chen S，Zhou Y，Chen Y，et al. Fastp：An ultra-fast all-in-one FASTQ preprocessor[J]. Bioinformatics，2018，34（17）：884-890.

[165] Magoč T，Salzberg S L. FLASH：Fast length adjustment of short reads to improve genome assemblies[J]. Bioinformatics，2011，27（21）：2957-2963.

[166] Edgar R C. UPARSE：Highly accurate OTU sequences from microbial amplicon reads[J]. Nature Methods，2013，10（10）：996-998.

[167] Stackebrandt E，Goebel B M. Taxonomic Note：A place for DNA-DNA reassociation and 16S rRNA sequence analysis in the present species definition in bacteriology[J]. International Journal of Systematic Bacteriology，1994，44（4）：846-849.

[168] Wang Q，Garrity G M，Tiedje J M，et al. Naive Bayesian classifier for rapid assignment of rRNA sequences into the new bacterial taxonomy[J]. Applied and Environmental Microbiology，2007，73（16）：5261-5267.

[169] Li D，Liu C M，Luo R，et al. MEGAHIT：An ultra-fast single-node solution for large and complex metagenomics assembly via succinct de Bruijn graph[J]. Bioinformatics，2015，31（10）：1674-1676.

[170] Noguchi H，Park J，Takagi T. MetaGene：Prokaryotic gene finding from environmental genome shotgun sequences[J]. Nucleic Acids Research，2006，34（19）：5623-5630.

[171] Fu L，Niu B，Zhu Z，et al. CD-HIT：Accelerated for clustering the next-generation sequencing data[J]. Bioinformatics，2012，28（23）：3150-3152.

[172] Li R，Li Y，Kristiansen K，et al. SOAP：Short oligonucleotide alignment program[J]. Bioinformatics，2008，24（5）：713-714.

[173] Muhammad A，Yang Y，Wang Y，et al. Uptake and transformation of steroid estrogens as emerging contaminants influence plant development[J]. Environment Pollution，2018，243：1487-1497.

[174] Stegen J C，Lin X，Konopka A E，et al. Stochastic and deterministic assembly processes in subsurface microbial communities[J]. The International Society for Microbial Ecology Journal，2012，6：1653-1664.

[175] Huang L，Gao X，Liu M，et al. Correlation among soil microorganisms，soil enzyme activities，and removal rates of pollutants in three constructed wetlands purifying micro-polluted river water[J]. Ecological Engineering，2012，46：98-106.

[176] Tao K，Zhang X，Chen X，et al. Response of soil bacterial community to bioaugmentation with a plant residue-immobilized bacterial consortium for crude oil removal[J]. Chemosphere，2019，

222：831-838.

[177] Wang D，Li T，Huang K，et al. Roles and correlations of functional bacteria and genes in the start-up of simultaneous anammox and denitrification system for enhanced nitrogen removal[J]. Science of the Total Environment，2019，655：1355-1363.

[178] Poupin M J，Greve M，Carmona V，et al. A complex molecular interplay of auxin and ethylene signaling pathways is involved in Arabidopsis growth promotion by Burkholderia phytofirmans PsJN[J]. Frontiers in Plant Science，2016，7：492.

[179] Lang M，Zou W，Chen X. Soil microbial composition and phoD gene abundance are sensitive to phosphorus level in a Long-Term Wheat-Maize crop system[J]. Frontiers in Microbiology，2021，11：605955.

[180] Romeo T，Gong M，Liu M Y，et al. Identification and molecular characterization of csrA，a pleiotropic gene from Escherichia coli that affects glycogen biosynthesis，gluconeogenesis，cell size，and surface properties[J]. Journal of Bacteriology，1993，175：4744-4755.

[181] Agaras B，Sobrero P，Valverde C A. CsrA/RsmA translational regulator gene encoded in the replication region of a Sinorhizobium meliloti cryptic plasmid complements Pseudomonas fluorescens rsmA/E mutants[J]. Microbiology，2013，159：230-242.

[182] Bais H P，Weir T L，Perry L G，et al. The role of root exudates in rhizosphere interactions with plants and other organisms[J]. Annual Review of Plant Biology，2006，57：233-266.

[183] Rodriguez P A，Rothballer M，Chowdhury S P，et al. Systems biology of Plant-Microbiome interactions[J]. Molecular Plant，2019，12（6）：804-821.

[184] Fan F，Yu B，Wang B，et al. Microbial mechanisms of the contrast residue decomposition and priming effect in soils with different organic and chemical fertilization histories[J]. Soil Biology and Biochemistry，2019，135：213-221.

[185] van der Hooft J J J，Mohimani H，Bauermeister A，et al. Linking genomics and metabolomics to chart specialized metabolic diversity[J]. Chemical Society Reviews，2020，49：3297-3314.

[186] Liang C，Schimel J P，Jastrow J D，et al. The importance of anabolism in microbial control over soil carbon storage[J]. Nature Microbiology，2017，2：17105.

[187] Chen J，Luo Y，van Groenigen K J，et al. A keystone microbial enzyme for nitrogen control of soil carbon storage[J]. Science Advances，2018，4：1689.

[188] Luo X，Hou E，Zhang L，et al. Effects of forest conversion on carbon-degrading enzyme activities in subtropical China[J]. Science of the Total Environment，2019，696：133968.

[189] Pietilä M，Lähdesmäki P，Pietiläinen P，et al. High nitrogen deposition causes changes in amino

acid concentrations and protein spectra in needles of the scots pine（Pinus sylvestris）[J]. Environmental Pollution，1991，72（2）：103-115.

[190] He Z L，Calvert D V，Alva A K. Clinoptilolite zeolite and cellulose amendments to reduce ammonia volatilization in a calcareous sandy soil[J]. Plant Soil，2002，247：253-260.

[191] Wang J，Zhao Y G，Maqbool F. Capability of Penicillium oxalicum y2 to release phosphate from different insoluble phosphorus sources and soil[J]. Folia Microbiologica，2021，66：69-77.

[192] Hao T，Zhu Q，Zeng M，et al. Impacts of nitrogen fertilizer type and application rate on soil acidification rate under a wheat-maize double cropping system[J]. Journal of Environmental Management，2020，270：110888.

附 录

计量分析过程的主要 Python 程序

1．出版物年度发表量

```
def PY(names):
    PY = {}
    for sheet_name in names:
        active_sheet=wb[sheet_name]
        for index,rowa in enumerate(active_sheet.rows,start=1):
            content=[cell.value for cell in rowa]
            if content[0]==None:
                continue
            elif content[0][0:2]=='PY':
                PY[content[0][2:]]=0

    for sheet_name in names:
        active_sheet=wb[sheet_name]
        for index,rowa in enumerate(active_sheet.rows,start=1):
            content=[cell.value for cell in rowa]
            if content[0]==None:
```

```
                continue
            elif content[0][0:2]=='PY':
                cc=PY[content[0][2:]] + 1
                PY[content[0][2:]]=cc
# output the year
for i in PY.items():
    print(i[0],i[1] )
```

2. 不同期刊的论文发表量

```
SO = []
for sheet_name in names:
    active_sheet=wb[sheet_name]
    for index,rowa in enumerate(active_sheet.rows,start=1):
        content=[cell.value for cell in rowa]
        if content[0]==None:
            continue
        elif content[0][0:2]=='SO':
            SO.append(content[0][2:])
from collections import Counter
p=0
# output the journal name
for i in Counter(SO).items():
    p+=int(i[1])
    print(i)
```

3. 关键词提取

```
def key_word(names):
    from nltk import pos_tag
    from nltk.stem import WordNetLemmatizer
    from nltk.corpus import stopwords
    word_list=[]
    for sheet_name in names:
```

```
        active_sheet=wb[sheet_name]
        for row in active_sheet.rows:
            content = [cell.value for cell in row]
            if content[0]==None:
                continue
            elif content[0][0:2]=='TI':
                word_list.extend(word for word in content[0].strip().split()[1:])
import nltk
# tokenize the corpus
word_list=pos_tag(word_list)
words_lematizer = []
wordnet_lematizer = WordNetLemmatizer()
for word, tag in word_list:
    if tag.startswith('NN'):
        word_lematizer = wordnet_lematizer.lemmatize(word, pos='n')
    elif tag.startswith('VB'):
        word_lematizer = wordnet_lematizer.lemmatize(word, pos='v')
    elif tag.startswith('JJ'):
        word_lematizer = wordnet_lematizer.lemmatize(word, pos='a')
    elif tag.startswith('R'):
        word_lematizer = wordnet_lematizer.lemmatize(word, pos='r')
    else:
        word_lematizer = wordnet_lematizer.lemmatize(word)
    words_lematizer.append(word_lematizer)
cleaned_words = [word for word in words_lematizer if word not in
                 stopwords.words('english')]

characters = ['', '.', 'eg', ':', ';', '?', '(', ')', '[', ']', '&', '!', '*', '@', '#', '$', '%', '-', '...',
              '^', '{', '}','wt','the','pts']
cleaned_words = [word for word in cleaned_words if word not in characters]
cleaned_words = [x.lower() for x in cleaned_words]
import re
```

```
    reg = "[^0-9A-Za-z]"
    for i in range(len(cleaned_words)):
        cleaned_words[i]=re.sub(reg,'',cleaned_words[i])

    corpus_tokens = nltk.word_tokenize(' '.join(cleaned_words))
    bigrams = list(nltk.ngrams(corpus_tokens, 1))
    trigrams = list(nltk.ngrams(corpus_tokens, 2))
    fourgrams = list(nltk.ngrams(corpus_tokens, 3))
    fivegrams=list(nltk.ngrams(corpus_tokens,4))

    fdist_bigrams = nltk.FreqDist(bigrams)    # n most common bigrams
    fdist_trigrams = nltk.FreqDist(trigrams)    # n most common trigrams
    fdist_fourgrams = nltk.FreqDist(fourgrams)    # n most common four grams
    fdist_fivegrams=nltk.FreqDist(fivegrams)

    fdist_bigrams = [x[0][0]+';'+str(x[1])    for x in fdist_bigrams.items() if
x[1]>=40]
    fdist_trigrams = [x[0][0] + ' ' + x[0][1]+';'+str(x[1]) for x in fdist_trigrams.items()
if x[1]>=40]
    fdist_fourgrams = [x[0][0] + ' ' + x[0][1] + ' ' + x[0][2]+';'+str(x[1]) for x in
fdist_fourgrams.items() if x[1]>=40]
    fdist_fivegrams=[x[0][0]+' '+x[0][1]+' '+x[0][2]+' '+x[0][3]+';'+str(x[1])for x in
fdist_fivegrams.items() if x[1]>=40]
    ## Out put
    n_grams = fdist_bigrams
    n_grams.extend(fdist_trigrams)
    n_grams.extend(fdist_fourgrams)
    n_grams.extend(fdist_fivegrams)

    for n in n_grams:
        print(n)
```

后 记

本书从堆肥技术专利计量和 OMC 主题文献计量的学术大数据研究结果中获得研究灵感，进而开发了 OMC 材料。使用所开发的 OMC 材料建立了盆栽实验并探究了其对甘蓝型油菜根际生态的影响并对 OMC 材料进行了中试实验；此外，OMC 材料中的矿物成分可以成功阻控 Cd、As 等重金属污染物在作物根系-土壤界面的迁移，有机成分促进了白菜型油菜的生长，实现对污染农田的“边修复、边生产”。上述科研成果被成功转化为生产力，以 OMC 材料为主要成分的乐农功能肥料经过丁辉教授、傅剑锋研究员、郑学昊博士和丁永桢研究员的多年连续攻关，已成功工业化生产。截至 2023 年年底，乐农功能肥料目前已经在国内 80 余个地区累计销售 100 万 t，以此减少了畜禽粪便排放 300 万 t，创造经济和生态价值 30 亿元。

OMC 材料除了在促进作物增产和控制污染物迁移方面具有突出效果，研究已经发现其在调控微生物介导的碳氮循环方面也具有潜力，在未来我们将进一步研究 OMC 材料对农田土壤生态的持续影响，探究 OMC 材料中的矿质和有机成分对微生物功能的调控作用，解释其对微生物的作用机制，为开发可以调控农田生态系统“边减排固碳、边增加产量”的技术提供参考。

万物土中生，有土斯有粮。正如丁辉教授在《人民日报》中指出的：纵观世界农业，土壤质量好则农业强，尤其在新农业时代，农田土壤作为农作物生长的基质，其环境质量关系到农产品安全生产和农田生态系统安全。夯实粮食安全生产根基，保障农产品稳定安全供给，提升农业综合生产能力，让农民增收致富成为推进乡村振兴的明确导向。农田土壤作为农作物生长的基质，其环境质量关系到农产品生产安全和农田生态系统安全。

人物介绍

丁　辉

天津大学教授，博士生导师，科学中国人年度人物，擅长运用化学工程原理解决土壤、大气环境污染问题。聚焦环境化学科学前沿，在重塑农田土壤生态、大气挥发性有机物污染控制等方面作出了积极探索和重要贡献。实现了技术成果转化及产业化应用，所研发的“营养元有机碳骨架土壤修复剂”经鉴定为国际领先水平。起草制定了《微藻有机肥》团体标准（T/CI 068—2022）。创新性地开发了常温催化氧化（NTCO）降解挥发性有机物（VOCs）技术，起草制定了《常温催化氧化法治理挥发性有机物技术规范》团体标准（T/CI 019—2021）。已发表学术论文100余篇，授权国内发明专利50余项，国际专利5项，转让专利20项，获“中国专利优秀奖”一项；荣获2022年中国发明协会发明创业奖创新奖，2020年中国发明协会创业成果奖，2019年中国产学研合作创新成果奖，2018年中国环境保护科学技术一等奖，2018年中国产学研合作创新奖，2017年中国专利优秀奖。

傅剑锋

博士/研究员，2006年获天津大学博士学位，2007年爱尔兰都柏林大学高级访问学者，2010年英国女王大学博士后。现任安徽乐农环保科技有限公司董事

长，高工，湖南省国际稻都农业技术研究院研究员，芜湖市“百人计划”专家，芜湖市创新创业团队领军人才，安徽省高层次创新创业团队领军人才，福建省生态产业协会主任委员，甘肃黄河之子保护黄河基金会特聘专家。2016年8月在中欧国际工商学院总裁班学习，2018年11月在中山大学管理学院总裁班学习。傅剑锋同志主攻环保和生态修复领域，曾在爱尔兰、英国、日本学习和工作，长期从事环境修复、土壤治理和农业碳减排与碳交易等技术研究。在国内外公开发表学术论文30余篇，专利40余项，团体标准3项。主持和参与国家科研项目10余项，并有10年以上的项目策划和市场运营经验，先后荣获得第四届创新创业大赛安徽赛区团队优秀奖，甘肃省高校科技进步奖（省部级）、中国侨联创新成果奖、中国发明协会二等奖（省部级）、中国生产力促进（创新发展）二等奖（省部级）、获得2019年“中国产学研合作创新成果奖”（省部级）、环保部科技进步奖（省部级）等多个奖项、2021“科创江苏”创新创业大赛二等奖、2022年中国发明协会二等奖（省部级）。

丁永祯

中国科学院大学博士，农业农村部环境保护科研监测所研究员、博士生导师，天津市“131”创新型人才第一层次人选，农业农村部绿色种养循环农业试点指导专家，华中农大、河南农大、沈阳农大、天津农学院等高校兼职教授。主要从事耕地安全利用与质量提升、农业农村废弃物处理

与利用等方面的研究。多次赴美、英、日等国家开展学术交流，先后主持国家重点研发、国家自然科学基金等科研项目 20 余项；主著/主编著作 2 部，参编著作 4 部；发表论文近 130 篇，其中 SCI 论文 90 余篇；授权发明专利 8 件，实用新型专利 10 件，获软件著作权 6 件；成果获省部级奖 3 项；指导培养博士/硕士研究生 16 名。

郑学昊

郑学昊，男，中共党员，工学博士，硕导，教育部优秀创新创业导师，西华师范大学地理科学学院“双创”中心主任，农业农村部环境保护科研监测所博士后。于天津大学提前半年完成学业并获得天津大学优秀博士学位论文。主持创业项目获中国国际大学生创新大赛——青年红色筑梦之旅赛道国家金奖。另获博士生国家奖学金、辽宁省优秀毕业生、产学研合作创新成果奖（中国产学研合作促进会）、沈阳市优秀共青团员等各级奖励 10 余项。主持教育部重点实验室开放基金、天津市研究生科研创新项目、西华师范大学博士启动项目等科研课题 6 项，参与“十二五”重大水专项、973 计划等国家课题。主编专著一部，以主要作者（前二）于 JCLP，STOTEN，CHEMOSPHERE，生态环境学报上发表 SCI 论文 16 篇（一作/通讯 13 篇），影响因子总和逾 100，被引近 400 次。科研兴趣包括：1. 功能有机肥料开发与其生态效益；2. 农田生态系统中微生物介导的重要元素循环；3. 农田土壤中污染物的迁移转化；4. 学术大数据分析与学科交叉。